Didática da Matemática e a mobilização de processos cognitivos:

reflexões sobre aspectos teóricos-metodológicos do ato de ensinar

Lucélida de Fátima Maia da Costa

Didática da Matemática e a mobilização de processos cognitivos:

reflexões sobre aspectos teóricos-metodológicos do ato de ensinar

2024

1ª Edição

Direção editorial: Victor Pereira Marinho e José Roberto Marinho

Capa: Fabrício Ribeiro
Projeto gráfico e diagramação: Fabrício Ribeiro

Edição revisada segundo o Novo Acordo Ortográfico da Língua Portuguesa

Dados Internacionais de Catalogação na publicação (CIP)
(Câmara Brasileira do Livro, SP, Brasil)

Costa, Lucélida de Fátima Maia da
Didática da matemática e a mobilização de processos cognitivos: reflexões sobre aspectos teóricos-metodológicos do ato de ensinar / Lucélida de Fátima Maia da Costa. – São Paulo: Livraria da Física, 2024.

Bibliografia.
ISBN 978-65-5563-413-6

1. Aprendizagem 2. Didática 3. Educação matemática 4. Neurociência cognitiva I. Título.

24-189258 CDD-510.7

Índices para catálogo sistemático:
1. Aprendizagem: Aspectos neurocognitivos: Didática: Educação matemática 510.7

Tábata Alves da Silva - Bibliotecária - CRB-8/9253

LF Editorial
www.livrariadafisica.com.br
www.lfeditorial.com.br
(11) 3815-8688 | Loja do Instituto de Física da USP
(11) 3936-3413 | Editora

Sumário

Prefácio

Dentre todas as invenções mais fascinantes da humanidade, este trabalho se dedica àquela que possibilita todas as outras, e que permite a passagem do *homo sapiens sapiens* ao humano, isto pois, o livro não trata genericamente da aprendizagem, mas da forma socialmente sistemática desse fenômeno e que reproduz – ou pode ajudar a reconstruir – a cultura e a sociedade, trata-se, portanto, da aprendizagem escolar e das implicações desta ao ato de ensinar.

Mais especificamente, o texto, que é resultado de pesquisa de natureza qualitativa de cunho bibliográfico, intenciona compartilhar questionamentos e reflexões acerca da tarefa de ensinar matemática, fundamentando-se no campo da Psicologia Cognitiva e da Neurociência Cognitiva.

Muito temos nos questionado, enquanto educadores e educadoras, sobre os processos pedagógicos vivenciados nas escolas para mediação e construção do conhecimento científico. É consenso, em várias obras que se debruçam acerca desse tema, que estamos didaticamente estagnados no século passado, em grande parte de nossas instituições. Nesse sentido, a autora problematiza e nos apresenta a perspectiva da Neurociência Cognitiva como um esforço e alternativa interdisciplinar para pensarmos os desafios didáticos no contexto do ensino de matemática.

É preciso salientar que o esforço e busca pelas interseções entre Neurociência e Educação é um movimento que tem constituído mundialmente grandes debates e críticas. Esta obra não está nem do lado dos entusiastas menos críticos que atribuem soluções quase mágicas a um cérebro desvinculado das condições materiais do sujeito que o possui, nem do lado dos mais céticos, que não enxergam qualquer contribuição do campo neurocientífico ao educacional, pensando em um sujeito sem considerar os conhecimentos que temos acumulado no campo dos processos cognitivos desde as últimas décadas do século passado.

Se de um lado não há milagres a se esperar, do outro, não é possível ignorar que o campo educacional tem como objeto de seu trabalho a aprendizagem, e esta estrutura-se cognitivamente, sua compreensão perpassa pela estrutura bio-psico-social que a compõe e implica. É diante do reconhecimento dessas dimensões e interseções que a presente obra se apresenta, não para impor determinada perspectiva do que significa aprender e ensinar matemática, mas como um esforço de refletir sobre esse processo.

Em *Reflexões sobre a aprendizagem*, inicialmente, debate acerca da complexidade da aprendizagem humana nos convidando a pensar o ato de ensinar implicado pelas dimensões sócio-históricas, políticas e culturais que dimensionam e estruturam o contexto das condições do aprender. Isto exige, da didática da matemática e de seus objetos, um contante e profícuo diálogo com o contexto escolar, propiciando oportunidades de trabalho intelectual por parte dos discentes, mobilizando, intencionalmente, a capacidade de interpretação, reconhecimento e relação.

Em *Processos Cognitivos,* o trabalho se dedica à discussão acerca dos processos cognitivos estruturantes das aprendizagens. Situa sua complexidade e mobilização fundamentando-as com base nos estudos desenvolvidos no campo da Neurociência Cognitiva. Esclarece como o funcionamento de processos cognitivos, tais como: percepção, atenção e memória – para citar alguns dos trabalhados na obra –, se desenvolve e que implicações subjaz ao pensamento e raciocínio matemático.

É interessante e oportuna a abordagem acerca da resolução de problemas, muito bem discutida e exemplificada nesta etapa da obra, bem como a discussão acerca das relações entre o processo cognitivo da criatividade e a aprendizagem matemática, debate que nos instrui ao repensamento dos objetivos a partir dos quais temos ancorado a organização didática na matemática, pois, ampliam o escopo e as possibilidades que orientam a construção dos exercícios e aplicações utilizadas no ensino.

A tônica da discussão em *Neurodidática: do que estamos falando?* centra-se no processo de esclarecimento acerca do campo teórico e histórico no qual situam-se a Neurodidática e a Neurociência Cognitiva, dando conta da relação entre ambas e a Educação. Dedica-se ainda à explicitação das bases da Neurodidática, configuradas conforme a obra, a partir do tripé: Neuroplasticidade, Ensino Multimodal e Emoções, às quais dedica subseções específicas no corpo da obra.

Em *Didática da Matemática e a mobilização de processos cognitivos,* a autora, primeiramente, elucida as preocupações e o objeto da Didática, argumenta que apenas o conhecimento matemático não é suficiente para ensinar com eficiência, entrando nesta querela a importância da Didática da Matemática, para pensar, elaborar, selecionar e desenvolver suas estratégias de ensino. Nesse ínterim, aborda os limites e as possibilidades de algumas estratégias no contexto do ensino de matemática, tais como: aula expositiva, expositiva dialogada, trabalho de grupo, manipulação de material didático – para fazer referência a algumas das estratégias dentre outras que a autora aborda – de modo interessante, intersecciona em sua construção e análise teórica os campos da Educação, Didática da Matemática e Neurodidática.

Na última parte da obra, intitulada *Campos de experiências e a cognição matemática na Educação Infantil,* nesta, faz referência ao que está definido na Base Nacional Comum Curricular, acerca dos processos, produtos, fenômenos, linguagens e comportamentos previstos nos objetivos da aprendizagem matemática. Utiliza desta prerrogativa para asseverar a importância pedagógica da ideia de experiência, enfatizando que não se trata apenas do manuseio físico dos objetos, mas das possibilidades de reflexão e da construção de sentido. A aprendizagem matemática, deverá, portanto, organizar-se de modo a favorecer a integração de funções cognitiva, conativas e executivas. No contexto da Educação Infantil, as interações e brincadeiras constituem uma oportunidade importante para esta integração, bem como para mobilização de processos cognitivos que, nesta etapa, não se referem aos conteúdos, mas às bases cognitivas que podem auxiliar o ensino nas etapas posteriores.

Trata-se de uma obra que mobiliza conhecimentos imprescindíveis à prática educativa, de modo geral, mas que problematiza e contextualiza o debate no âmbito do Ensino da Matemática. O convite a esta obra é um convite à abertura e repensamento do que significa aprender, portanto, do que significa ensinar. Questionamento que deve ser nutrido com constância e responsabilidade por todos nós, educadores e educadoras.

Profa. Dra. *Thaiany Guedes da Silva*
Universidade Federal do Amazonas
Manaus-AM, dezembro de 2023

Introdução

A compreensão do mundo envolve representações múltiplas construídas individual e coletivamente, influenciadas por paradigmas distintos e validadas por saberes diferentes, encontros e desencontros em ambientes diversos. A escola é um desses ambientes onde construímos a compreensão do mundo em que vivemos. No entanto, não raro, percebemos um descompasso entre certas formas de ensinar e a dinâmica das relações no mundo contemporâneo. As críticas em relação a essa questão evidenciam que ainda temos um modelo de educação escolar cuja dinâmica se assemelha às características de escolas da época da primeira revolução industrial, portanto, pautado em um sistema de ensino de mais de dois séculos, mas vivemos em um mundo tecnológico e futurísco. Esse descompasso, a cada ano, acarreta problemas à aprendizagem escolar, implicando, de modo geral, na obsolescência de algumas práticas pedagógicas na escola.

Até as décadas iniciais do século XX, calculava-se que o conhecimento acumulado pela humanidade dobrava a cada 100 anos, atualmente, estima-se que esse conhecimento dobre a cada dia. No mundo contemporâneo somos bombardeados diariamente por um volume muito grande de informações e, nesse bojo, infelizmente, há demasiadamente desinformação/informações falsas. Nesse contexto, é preciso sabermos filtrar as informações que nos chegam, sabermos estabelecer relações entre fatos e fenômenos para entendermos a sociedade na qual vivemos. Isso requer um desenvolvimento cognitivo que extrapola o aspecto memorístico tão exercitado no cenário escolar, principalmente quando se trata do ensino da matemática.

O importante não é quantidade de informações ou de conteúdos que a escola, particularmente, o ensino da matemática, deve apresentar aos alunos, mas a otimização do conhecimento ensinado, tendo em vista a motivação do indivíduo e os interesses da sociedade. É preciso que o ensino de matemática desenvolva habilidades diferentes daquelas exigidas na época da primeira revolução industrial, pois o mundo mudou e continua a mudar velozmente, implicando necessidade de desenvolvimento de habilidades e integração do conhecimento matemático ao conjunto de conhecimentos que cresce a cada dia, numa síntese adequada e útil às reais necessidades da vida concreta.

A dicotomia entre o modo como se ensina no ambiente escolar e aquilo que é exigido na vida em sociedade, às vezes, também está presente na formação de professores de matemática, o que acaba alimentando um ciclo vicioso onde a matemática é vista como desvinculada da realidade, um conhecimento cuja utilidade, para os alunos, se finda na resolução de exercícios teóricos que privilegiam a memória e pouco variam na mobilização de processos cognitivos. Nessa direção, entender as possíveis relações entre a mobilização de processos cognitivos e as ações da Didática da Matemática é fundamental para compreendemos que é necessário sabermos como as pessoas aprendem para elaborarmos adequadamente as estratégias de ensino. Isso torna-se mais importante quando consideramos uma sala de aula com dezenas de alunos, cada um com sua subjetividade, indivíduos dotados de interesses e habilidades diferentes.

Em se tratando dos processos de escolarização, o perigo de transformar o ensino em replicação de "definições", "coisas", "objetos" ou "entidades" quando não se é capaz de compreender os processos cognitivos da aprendizagem, é muito grande e tem implicações desastrosas, particularmente, no âmbito do ensino de matemática.

Neste livro, a pretensão é compartilhar nossos questionamentos e reflexões acerca da tarefa de ensinar matemática, fundamentadas em teóricos do campo da Psicologia Cognitiva e da Neurociência Cognitiva, esta entendida como o estudo da capacidade cognitiva do indivíduo, ou seja, dos mecanismos intelectuais pelos quais as pessoas podem desenvolver processos de aprendizagem e construir conhecimentos (Cosenza; Guerra, 2011). Nosso interesse pelo alcance e limitação da mobilização de processos cognitivos, no contexto do ensino de matemática, nos fez enveredar por estudos sobre como as pessoas aprendem o que nos levou à percepção de que é possível e necessário o estabelecimento de relações entre as evidências das Neurociências Cognitivas e as ações da Didática da Matemática tendo como objeto de estudo o ensino para compreendermos seus modos e sentidos numa abordagem teórica que privilegia a aprendizagem do aluno.

Atualmente, há uma euforia em torno das evidências das Neurociências e suas possíveis influências no campo educacional. Na última década proliferaram cursos, materiais, especialistas, que investidos do prefixo "neuro" alardeiam soluções mirabolantes para questões educacionais. Essa não é nossa intenção! Não queremos e nem podemos reinventar a roda ou apresentar uma receita milagrosa para sanar as dificuldades do ensino de matemática. Mas, por meio de nossas interpretações, reflexões e questionamentos fundamentados em evidências científicas e direcionados ao ensino de matemática, queremos contribuir para que professores que ensinam matemática na Educação Básica e àqueles que estão a se formar na Licenciatura em Matemática, possam estabelecer relações profícuas entre as evidências das Neurociências – que tratam de questões relativas a como nosso cérebro aprende – e a Didática da Matemática que colocam em ação.

As Neurociências têm finalidades diferentes da educação. Suas descobertas, a princípio, não são direcionadas à questão educacional ou de aprendizagem em contexto escolar. No entanto, se queremos melhorar a qualidade da educação no nosso país e, particularmente, o ensino de matemática, não podemos ignorar no ato de selecionar e efetivar nossas estratégias de ensino, as importantes descobertas e indicações da Ciência sobre como nosso cérebro capta, processa, armazena e recupera informações, pois de acordo com Tovar-Moll e Lent (2017, p. 56), "a palavra aprendizagem, envolve um indivíduo com seu cérebro, capturando informação do ambiente, mantendo-a por algum tempo, e eventualmente recuperando-a e utilizando-a para orientar o comportamento subsequente".

Cabe destacar que este livro resulta de uma pesquisa qualitativa fomentada por um Projeto Institucional Docente (PID), concedido pela Portaria Nº 387/2022 – GR/UEA, regulamentado pelo Decreto N° 34.260, de 09 de dezembro de 2013, que trata da regulamentação para concessão da Gratificação de Produtividade Acadêmica.

A pesquisa teve como objetivo principal estabelecer relações entre os processos cognitivos e os aspectos epistemológicos e metodológicos da Didática da Matemática, tanto para a elaboração de encaminhamentos pedagógicos para a Educação Básica, quanto para a formação de professores que ensinam matemática.

Por se tratar de uma pesquisa de cunho bibliográfico, delimitamos nosso campo de busca de informações ao Banco de Teses e Dissertações da Capes ao periódico Boletim de Educação Matemática (BOLEMA), publicado pelo Programa de Pós-Graduação em Educação Matemática da Universidade Estadual Paulista (Unesp), que até o período de realização da pesquisa era o único periódico brasileiro, da área de Educação Matemática, com Qualis A1, e a um número temático da Revista de Educação Matemática (REMat), da Sociedade Brasileira de Educação Matemática (SBEM) – Regional São Paulo (SBEM-SP), que publicou em agosto de 2022, uma edição especial denominada: Cognição, Linguagem e Aprendizagem em Matemática.

Na busca de informações, estabelecemos uma delimitação temporal ao triênio de 2020 a 2022. Para a captação dos textos, usamos as palavras-chave: didática da matemática e processos cognitivos.

Inicialmente, utilizamos a palavra-chave "didática da matemática", com a qual obtivemos 10 teses, depois usamos a palavra-chave "processos cognitivos", que nos permitiu o acesso a 45 teses de áreas diversas. Para melhor delimitar nossa busca, combinamos as duas palavras "didática da matemática *and* processos cognitivos", surpreendentemente, não encontramos nenhuma tese que conciliasse as duas palavras. Então, delimitamos a área de busca apenas para Educação e analisamos as teses encontradas com as palavras separadas. Nesse processo, lemos o título e o resumo para avaliar a pertinência ou não do texto ao nosso interesse de pesquisa e, assim, descartamos as pesquisas que não eram da área de Educação, as que tratavam de Didática da Matemática no Ensino Superior, aquelas cujo foco eram questões de inclusão, o uso de tecnologias digitais e/ou a Educação de Jovens e adultos (EJA), ficando apenas com as pesquisas que tratavam de questões didáticas referentes ao ensino de matemática na Educação Básica e aquelas que discutiam algum processo cognitivo relacionado à aprendizagem matemática em contexto escolar. Desse modo, selecionamos para estudo duas teses, quatro artigos publicados no Bolema e nove artigos publicados na REMat.

Ao sentirmos a necessidade de fortalecer a fundamentação teórica desse estudo, nos propusemos a realizar, paralelamente, um estágio pós-doutoral sob a supervisão do Prof. Dr. Evandro Ghedin, o que implicou na nossa inserção em um Grupo de Pesquisa denominado Laboratório de Neurodidática e Formação de Professores, da Universidade Federal do Amazonas (UFAM). A inserção nesse grupo foi imprescindível para as reflexões teóricas construídas a partir da leitura de livros como Pasquali (2019), Damásio (2012, 2018), Codea (2019), Charlot (2020), Sternberg (2010), indicados e discutidos nesse Grupo de Pesquisa.

As reflexões que realizamos sempre partiram da análise de situações vivenciadas e enfrentadas por nós, que são representativas daquelas com as quais professores e alunos, no contexto do ensino da matemática, vivenciam cotidianamente, para daí fazermos sugestões que, no nosso entendimento, aproximam o ensino e a aprendizagem matemática. É válido destacar que este livro não tem a intenção de ser um guia de receitas infalíveis, até porque elas não existem. Tampouco atribuir à neurociência o poder de solucionar os problemas da educação escolar, particularmente da aprendizagem matemática, pois isso seria, no mínimo, ingenuidade de nossa parte. No entanto, nos apropriarmos das descobertas das neurociências para refletir sobre a Didática da Matemática e seu potencial para proporcionar um ensino mais atinente com a dinâmica de vida contemporânea que requer um indivíduo criativo, curioso, que saiba trabalhar em grupo, que se relacione em um mundo globalizado e que, para além de adquirir informações, as transforme em conhecimentos inovadores.

Com esta intenção, nos dedicamos a pensar sobre as formas pelas quais a didática pode efetivar o ensino da matemática e orientar os alunos no processo de aprendizagem que decorre da ação simultânea de processos químicos e elétricos desencadeados quando somos expostos a estímulos diversos, inclusive por fatores socioculturais. Assim, não trazemos "dicas" de metodologias para serem replicadas, mas convidamos professores de matemática, particularmente, da Educação Básica, e estudantes de licenciatura para refletirmos sobre como as descobertas da Neurociência Cognitiva nos permitem entendimentos do porquê algumas estratégias de ensino podem ser mais profícuas que outras.

1 Reflexões sobre a aprendizagem

Para falarmos de aprendizagem, em especial, da aprendizagem matemática, é necessário entendermos como nós aprendemos e que este é um processo influenciado por fatores biológicos, psicológicos e culturais. Para entendê-lo, buscamos em fontes teóricas, particularmente, advindas da Neurociência Cognitiva, fundamentos explicativos sobre o ato de aprender com vistas à eficiência do ensino da matemática no mundo contemporâneo. A busca por fundamentos teóricos na Neurociência Cognitiva se deu em função da compreensão de que eles podem,

> [...] colaborar para fundamentar práticas pedagógicas que já se realizam com sucesso e sugerir ideias para intervenções, demonstrando que as estratégias pedagógicas que respeitam a forma como o cérebro funciona tendem a ser mais eficientes (Cosenza; Guerra, 2011, p. 143).

Ao refletirmos sobre o mundo contemporâneo e sobre o que as relações que nele se estabelecem exigem do chamado cidadão global, percebemos que há, sim, a necessidade de ressignificação de muitas das ações didáticas ainda em prática no contexto escolar. Não é possível que, particularmente, no âmbito do ensino de matemática, os alunos sejam tratados e induzidos a se comportarem como seres passivos, alienados por uma didática que reforça a ingênua ideia de que a aprendizagem matemática está restrita ao espaço escolar, que deriva unicamente da exaustiva explicação de um professor, tido como o detentor do saber, e da resolução de listas de exercícios pautadas na repetição de técnicas muitas vezes memorizadas sem a devida conceituação e construção de um sentido.

O mundo contemporâneo exige a formação de cidadãos criativos, desenvolvidos intelectual e emocionalmente, capazes de resolver problemas, trabalhar em grupo, construir bons argumentos, ter empatia, conhecer múltiplas linguagens, usar o conhecimento adquirido, incluindo-se aí o conteúdo matemático, para tomar decisões fundamentadas e éticas sobre questões diversas. Tal formação, no contexto do ensino da matemática, requer olhar o ensino por perspectivas diferentes, abrir-se para o diálogo com outras áreas do conhecimento, isso porque, a cognição é "[...] um processo biológico e cultural, pois os processos cognitivos são de natureza biológica, mas são também alterados pela cultura" (Costa, 2021, p. 135). Por isso, a aprendizagem é um processo contínuo e complexo.

É importante entendermos que a aprendizagem do ser humano necessita de um aparato físico, biológico, mas que as relações que ocorrem em movimentos de interações e reflexões que dão sentido e criam significado para aquilo que está sendo aprendido, sofrem influência do ambiente onde este ser está inserido. Assim, é importante também entendermos que a sala de aula de matemática é uma microssociedade na qual se evidenciam comportamentos, que refletem características socioculturais dos indivíduos que a compõem, frente às situações vivenciadas pelos alunos, professor e objetos matemáticos.

> Um dos processos mais complexos e fascinantes do pensamento humano é o do ensino-aprendizagem. Identificar o modo de funcionamento cognitivo durante a aquisição de um novo conteúdo seria muito útil na elaboração das estratégias pedagógicas. No entanto, o funcionamento cognitivo está longe de ser simples e a grande quantidade de variáveis que ele traz nos incita à elaboração e à prática de diferentes métodos de ensino (Braga, 2012, p. 02).

Houssaye (2000) desenvolveu um modelo para representar três perspectivas diferentes das relações estabelecidas no processo de ensino-aprendizagem em contexto escolar. Nesse modelo, o autor apropria-se de um triângulo cujos vértices representam os três elementos fundamentais deste processo e o situa em um círculo que representa o contexto no qual as relações se estabelecem. No modelo triangular é possível visualizar as possíveis relações entre os elementos que o compõem, e como cada lado do triângulo exige uma pedagogia diferente (Braga, 2012; Houssaye, 2000).

As situações vivenciadas pelos alunos e professores no processo de ensino-aprendizagem de um determinado objeto matemático não podem ser explicadas a partir de uma única perspectiva: olhando só o objeto matemático, ou somente a ação didática ou o aluno, pois a aprendizagem matemática, em sala de aula, é uma situação tridimensional que para ser bem compreendida requer a reflexão sobre os três elementos que a compõem: ação didática (professor), objeto matemático (conteúdo) e aluno (aprendente), sem esquecer o meio onde tal situação tridimensional acontece, porque dele emanam as normas, os valores e os sentidos que consolidam a situação.

Observe que cada elemento que representa um dos vértices do triângulo é também ponto da primeira circunferência que o contém, ou seja, faz parte do contexto da sala/contexto escolar. Progressivamente, é possível visualizarmos, na Figura 1, que todos os elementos que compõem o triângulo didático e a primeira circunferência, estão inseridos dentro de outra circunferência mais ampla que representa o meio externo ao contexto escolar. De modo que eles não são elementos neutros, carregam consigo todas as influências culturais e históricas possíveis das diferentes realidades por onde transitam e se corporificam.

Na Figura 1 representamos a ideia de tridimensionalidade a partir de uma forma triangular, pontilhada. Escolhemos a forma triangular, não em função de sua resistência à deformação, mas pela possibilidade de, a partir de cada um dos vértices (aluno, professor, objeto matemático), ser possível visualizarmos os outros dois elementos envolvidos no processo, e pela relação direta que é estabelecida entre os vértices que são indispensáveis para existência da própria forma, pois a eliminação de um desses vértices implica inexistência do triângulo; de modo análogo, a não consideração de um dos elementos que sustentam o triângulo compromete o processo de ensino-aprendizagem.

Figura 1 – Representação da situação tridimensional da aprendizagem matemática.

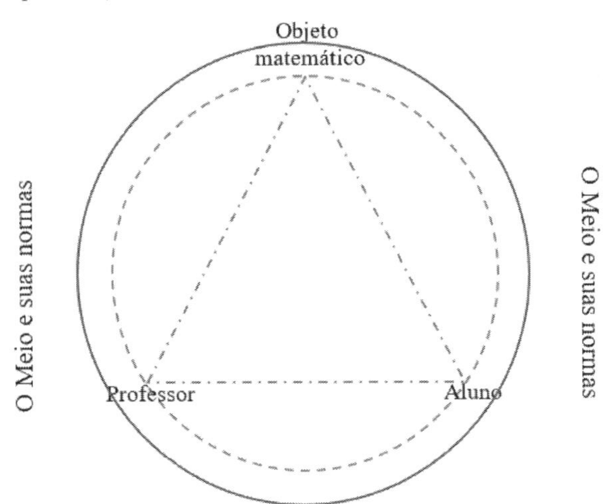

Fonte: Organização da autora (2022), inspirada em Houssaye (2000).

O pontilhado usado no triângulo e na primeira circunferência nos permite o entendimento de que a relação direta entre dois elementos (lados do triângulo) não é fechada, é permeada pelos aspectos socio-histórico-culturais e materiais que conformam o meio. A analogia do pontilhado no triângulo se estende à primeira circunferência que representa a sala de aula/contexto escolar, pois este ambiente também não é blindado, ao contrário, reflete e é influenciado pelas relações socioculturais e históricas que os elementos do triângulo didático desenvolvem.

Ghedin (2008) amplia a perspectiva do triângulo didático-pedagógico de Houssaye (2000) e evidencia outras dimensões que afetam diretamente o processo de ensino-aprendizagem enfatizando que "toda didática é tributária de uma disciplina escolar" (Ghedin, 2008, p. 121) e, assim sendo, reflete e é influenciada por questões que ultrapassam a dimensão técnica e abarca questões sociais e histórico-culturais próprias da sociedade contemporânea que afetam o processo de ensino-aprendizagem em todos os níveis, inclusive na formação do professor.

Figura 2 – As relações didáticas para além do triângulo pedagógico.

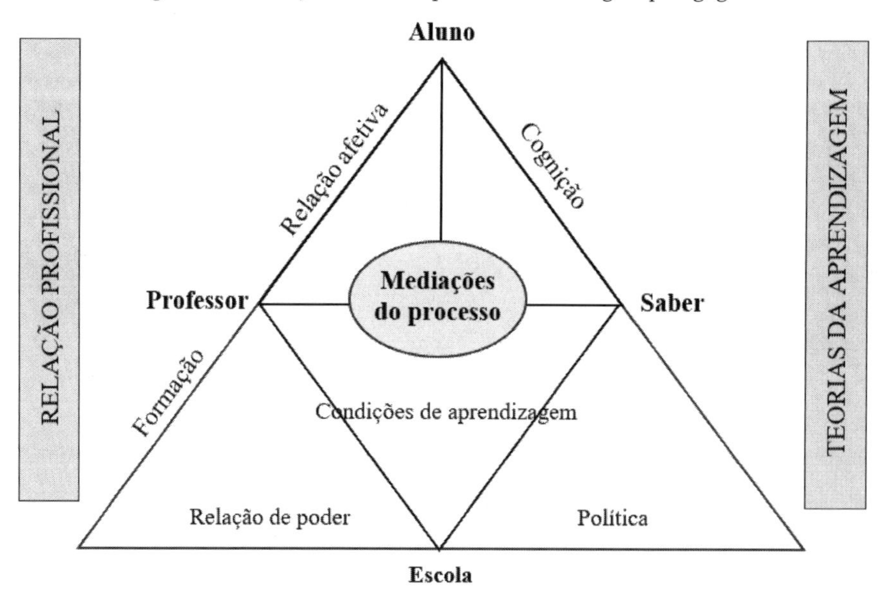

Fonte: Ghedin (2008, p. 121).

Analisando os esquemas anteriores não tem como pensarmos a aprendizagem matemática situando-a apenas ao contexto da sala de aula, pois o que acontece durante uma aula é uma parte muito pequena do que ocorre na vida do indivíduo ao longo de um dia. E toda mediação realizada pelo professor será afetada por fatores emocionais e cognitivos originados/acionados tanto dentro quanto fora do ambiente escolar porque não há como descolar a vida escolar da vida social que todos temos, já que a primeira é parte integrante da segunda.

Assim, ratificamos o entendimento de que a Didática da Matemática não pode ser definida sem levar em consideração as finalidades do conjunto de objetos matemáticos que compõem a disciplina matemática e o contexto sociocultural no qual a escola está inserida, isso porque:

> Os estudos de psicologia social, de psicologia cognitiva e de antropologia evidenciam que toda aprendizagem acontece em cenários que apresentam conjuntos específicos de normas e expectativas culturais e sociais, e que esses cenários influenciam a aprendizagem e a transferência de maneira marcante (Bransford; Brown; Cocking, 2007, p. 20).

É válido refletirmos sobre as normas e expectativas postas, geralmente, pelo ensino de matemática à aprendizagem dos alunos, particularmente, sobre o que se espera frente ao modo como o ensino se realiza, pois se a constituição do indivíduo é bio-sociocultural, consequentemente, não podemos conceber a aprendizagem como um simples processo metodológico e, tampouco, de acordo com Maturana e Varela (2010, p.31), "[...] tomar o fenômeno do conhecer como se houvesse 'fatos' ou objetos lá fora, que alguém capta e introduz na cabeça. A experiência de qualquer coisa lá fora é validada de uma maneira particular pela estrutura humana, que torna possível 'a coisa' que surge na descrição".

Com a evolução das ciências que têm a aprendizagem como objeto de estudo, percebemos que a ação de aprender está intimamente vinculada à ação de entender e que a memorização de fatos isolados não é suficiente para a aprendizagem, embora a memória seja fundamental para tal processo (Bransford; Brown; Cocking, 2007). No caso particular da aprendizagem matemática, a premissa anterior pode ser percebida, por exemplo, quando o aluno que tem a tabuada de multiplicação memorizada, não consegue realizar corretamente a operação de multiplicação porque não entendeu o algoritmo.

A aprendizagem humana é um processo complexo, influenciado por fatores diversos, que não pode ser entendido apenas pela lente dos aspectos cognitivos, isto porque, de acordo com Fonseca (2014, p. 238), é "a interatividade e a inseparabilidade dinâmica da cognição, da conação e da execução que permitem a emergência e a sustentação do processo da aprendizagem humana". Para esse autor, a predisposição à aprendizagem (cognição humana) necessita ser entendida a partir da interação e da integração de três funções fundamentais: cognitivas, executivas e conativas.

> A função cognitiva está relacionada ao intelecto, a conativa, em síntese, diz respeito à motivação, ao temperamento e à personalidade, subentende o controle e a regulação tônico-energética e afetiva das condutas, para a realização de uma tarefa e a executiva, coordena e integra o espectro da tríade neurofuncional da aprendizagem. (Fonseca, 2014, p. 243).

Fonseca (2014) chama a atenção para o fato de que essas três funções se influenciam mutuamente afetando o resultado umas das outras, e seu treino/desenvolvimento deve ser implementado o mais rápido possível, porque o gerenciamento destas constitui-se base à aprendizagem daquilo que é ensinado tanto na escola, quanto fora dela e o despreparo do indivíduo em uma dessas funções pode comprometer aprendizagens futuras. Certamente, quando refletimos sobre aprendizagem, em especial a aprendizagem matemática em contexto escolar, a entendemos na perspectiva de Fonseca (2014) e consideramos que se trata de um processo que ultrapassa a aquisição de informações e desenvolvimento de habilidades mecânicas, pois aprender é um processo que requer intencionalidade para adquirir, interpretar e dar significado à informação nova que foi obtida. Sendo um processo, não ocorre de modo instantâneo, automático, necessita processamento, trabalho intelectual, que resultará em mudanças na capacidade do indivíduo para interpretar, reconhecer, relacionar, podendo ou não se manifestar em ações esperadas nas provas escolares, por exemplo.

Figura 3 – Tríade Funcional da aprendizagem humana.

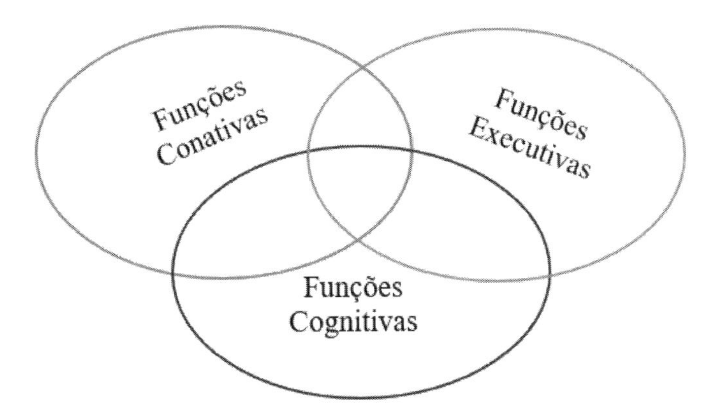

Fonte: Fonseca (2014, p. 239).

Para que a aprendizagem aconteça, além da integração das funções cognitivas, conativas e executivas, é necessário que o processo de ensino consiga mobilizar e ativar de forma intencional, sistematizada, conexa e lógica os processos mentais aqui denominados processos cognitivos.

2 Processos Cognitivos

Como bem explicado por Maturana e Varela (2010), aprender não é simplesmente um processo de internalização, apreensão de uma informação, de modo direto. Aprender requer processamento, questionamento, compreensão, interpretação e armazenamento. É importante que no contexto da aprendizagem escolar as ações didáticas sejam planejadas pensando no modo como o cérebro do indivíduo aprende e, para tanto, é imprescindível que o professor adquira pelo menos noções básicas sobre os processos cognitivos, seus aspectos fundamentais e suas implicações à aprendizagem sem desconsiderar que, aliados aos processos cognitivos, há outros fatores que podem interferir na aprendizagem, inclusive fatores socioeconômicos que fogem da competência escolar.

Quando falamos em aprendizagem, indissociavelmente, estamos considerando-a resultado da interação e integração de processos cognitivos (mentais), conativos (emocionais) e executivos (organizacionais) que influenciam, interferem e determinam o que e como um indivíduo aprende.

Em relação aos processos cognitivos, provavelmente, os mais acionados no contexto de uma aula, é válido sabermos que podem ser entendidos como "um conjunto de processos que nos permitem captar, reconhecer, organizar, compreender e armazenar as informações decorrentes dos estímulos do ambiente permitindo-nos adaptação às transformações deste meio" (Costa; Ghedin, 2022, p. 3). Podem ser classificados como básicos e superiores.

A **atenção**, a **memória** e a **percepção** constituem-se processos cognitivos básicos e são assim denominados por serem os primeiros a serem acionados assim que o indivíduo é exposto a um estímulo, e porque não são exclusividade do ser humano, existindo também em outros animais, principalmente em algumas aves e mamíferos (Dehaene, 2022). Os processos cognitivos superiores decorrem do acionamento, processamento e integração dos processos básicos. Dependendo da área de estudo pode haver diferenças entre as funções mentais que são consideradas processos cognitivos superiores.

A partir dos estudos de autores como Sternberg (2010), Kandel (2014), Pasquali (2019), Damásio e Ledoux (2014), podemos indicar a **linguagem**, o

raciocínio, a **criatividade** e a **resolução de problemas** como processos cognitivos superiores, assim considerados porque não são os imediatamente acionados quando o indivíduo é exposto a um estímulo, também, por serem exclusivos do ser humano. Embora classificados em grupos diferentes, na prática, quando o indivíduo é exposto aos estímulos do meio, ou está imerso em uma situação-problema, os processos cognitivos básicos e superiores são mobilizados de forma integrada, principalmente na elaboração de estratégias para solucionar problemas, na elaboração e comunicação de argumentos e na demonstração de sentimentos.

No processo de aprendizagem, em especial da matemática, quanto mais processos cognitivos forem acionados pela estratégia de ensino, maior potencial ela possui para promover aprendizagem porque o nosso cérebro é formado por uma de rede de neurônios que se "agitam" por conta dos estímulos que recebemos. Ou seja, ocorre interação entre os neurônios à medida em que recebemos informações. Essa interação entre neurônios, as sinapses, modifica nosso estado intelectual inicial permitindo que ocorra a aprendizagem. Nessa perspectiva, a aprendizagem depende da ativação dos neurônios de modo que, quanto mais informações o indivíduo receber e quanto mais informações ele repassar, mais ativados serão os neurônios ocasionando em mais ramificações dos axiônios, o que permite mais interações entre os neurônios implicando em mais aprendizagens.

Quanto interagimos fazemos nossos neurônios ficarem ativados. Essa ativação faz com que os neurônios produzam proteínas responsáveis pela realização de mais sinapses e cuja "qualidade" depende de fatores como o sono e o tipo de alimentação do indivíduo. Então, para aprender precisamos entrar em contato com o conteúdo de diferentes formas: ler, reler, rever, tocar, relacionar, imaginar, repassar para outros, isto é, revisitar o mesmo conteúdo de formas variadas em momentos diferentes, várias vezes ao ano (contexto escolar), pois a acomodação da aprendizagem não é instantânea, depende também do tempo de repouso que ocorre quando dormimos, por isso não basta expor um assunto um dia e esperar que o aluno aprenda espontaneamente (Tieppo, 2021; Louzada; Ribeiro, 2017).

O aprender depende do acionamento de diferentes processos cognitivos e de outros fatores não cognitivos que também têm força para influenciar esse processo de forma positiva ou negativamente. Nessa direção, é válido destacar que, inegavelmente, a aprendizagem depende de uma atividade intelectual e que "[...] essa atividade requer um suporte cerebral e, portanto, é interessante conhecer o funcionamento desse suporte e saber em que situações e condições uma otimização da atividade cerebral permite esperar uma melhor aprendizagem" (Charlot, 2020, p. 84).

Asseguradas as devidas ressalvas, principalmente, porque os estudos sobre os processos cognitivos são realizados em situações experimentais, em ambientes controlados, que não se assemelham a uma sala de aula, é apropriado destacar que os resultados desses estudos (estudos de Neurociência Cognitiva) podem ser considerados no âmbito das reflexões sobre as situações de aprendizagem em sala de aula, pois constituem um alicerce a mais para o professor pensar suas estratégias de ensino considerando que, quanto mais processos cognitivos forem mobilizados pela ação didática, maior a probabilidade de ocorrer a aprendizagem.

Seguramente, no âmbito escolar, as formas de ensinar, de avaliar e as discussões sobre a eficácia das estratégias de ensino de matemática se modificam, "[...] conforme evoluem os meios e os recursos para entendermos a aprendizagem humana. Com a evolução das máquinas disponíveis para os estudos do cérebro, novos posicionamentos foram adotados frente ao modo como nós aprendemos" (Pereira; Costa, 2023, p. 7). Assim, ganharam força as evidências científicas advindas da área da Neurociência Cognitiva que, por meio de estudos com imagens, conseguem identificar regiões do cérebro que são acionadas a partir de determinados comandos/estímulos, inclusive áreas responsáveis pelo processamento da linguagem e da memória, processos mentais indispensáveis à aprendizagem, inclusive matemática (Lent; Buchweitz.; Mota, 2017).

Hoje já sabemos que os processos cognitivos superiores mobilizam uma arquitetura de pensamento mais elaborada, mas dependem da articulação de informações obtidas e construídas por meio dos processos básicos como a percepção e a memória.

Cabe destacar, de acordo com Pasquali (2019, p. 22), que a percepção é um "processo cognitivo que faz parte da estrutura do pensamento e que tem como mecanismo o intelecto e não os sentidos", que pode ser entendida como um processo mental de interpretação da sensação. Assim, a percepção, "consiste no processo de produção da representação mental da imagem cortical, ou seja, a produção da imagem mental ou, melhor, do percepto" (Pasquali, 2019, p. 23).

Então, para que o aluno perceba o que lhe está sendo ensinado, não basta ver, ouvir, sentir, o que costuma justificar o uso de estratégias de ensino pautadas na manipulação de materiais concretos, ou recursos audiovisuais, por exemplo. É necessário que o ato de ensinar instigue o aluno a pensar sobre aquilo que vê, ouve e sente.

A partir do processo representado na figura 4, a seguir, é possível refletir sobre a mobilização da percepção em uma aula de matemática. Por exemplo, no ensino da construção do gráfico de uma função quadrática, na perspectiva indicada por Pasquali (2019), não basta o aluno observar o desenho feito pelo professor ou por um aplicativo que realize tal construção, é necessário que seu pensamento seja acionado para que ele processe a informação adquirida por meio dos sentidos (visão e audição), e tal processamento só ocorrerá se ele for exposto a um estímulo, no caso, o questionamento que o professor pode fazer sobre a posição do vértice e da concavidade da curva, sobre a interseção da curva com o eixo x (abscissas), a simetria em relação ao eixo y (ordenadas) etc. caso contrário, dificilmente o aluno conseguirá estabelecer significados e criar as imagens mentais a serem armazenadas, e posteriormente evocadas, para serem utilizadas na resolução de uma situação-problema que necessite deste conteúdo.

Muito embora para alguns estudiosos a linha que aparta a percepção da sensação seja muito tênue, há convergências para a complexidade de ambos os processos e, a partir de estudos como os de Pasquali (2019), compreendemos a percepção como a tomada de consciência das sensações.

Figura 4 – Relação entre sensação e percepção.

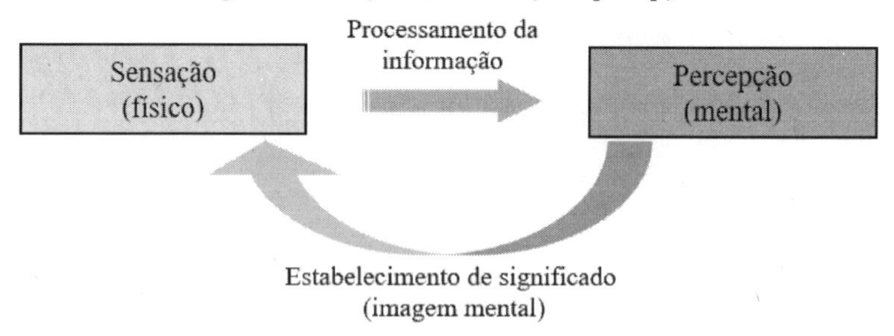

Fonte: Elaboração da pesquisadora (2023).

O bombardeio de estímulos a que o indivíduo está exposto diariamente evidencia a "autonomia" dos processos perceptivos, isto é, demonstra que, nem sempre ver, ouvir, sentir, é resultado de uma decisão intencional. Assim, é possível que o indivíduo guie sua atenção a determinados estímulos, muito embora não consiga, de forma natural, eliminar os demais, e este é um fator que interfere diretamente na aprendizagem em sala de aula, onde a ação didática concorre, constantemente, com diversos distratores.

Sobre a atenção, é importante destacar que é, aparentemente, o processo cognitivo que mais intencionalmente o indivíduo aciona, pois permite selecionar e focalizar determinados estímulos em detrimento de outros e, talvez, o principal no desenvolvimento da aprendizagem, por isso é tão importante que a ação didática saiba como direcioná-la de modo consciente (Dehaene, 2022).

É comum entendermos a atenção como concentração, como quando um professor pede para o aluno prestar atenção, ele está querendo dizer que esta pessoa deve se concentrar e não desviar seu foco da situação posta. Segundo Matlin (2004) e Cosenza e Guerra (2011) há dois tipos ou níveis fundamentais de atenção: a dividida e a seletiva. Porém, na prática, o modo de operar mais eficiente é a atenção seletiva, pois mesmo em situações que exigem a divisão da atenção do indivíduo, não é possível dar conta de atender tudo ao mesmo tempo.

A simultaneidade de atendimento atribuída à atenção dividida é uma ilusão e decorre apenas da rapidez temporal com que somos capazes de atender determinados aspectos, fenômenos, objetos e situações postos (Cosenza; Guerra, 2011; Tieppo, 2021). Daí podemos induzir às implicações dos distraidores numa aula de matemática e a dificuldade que o professor, principalmente aquele que desconhece os mecanismos de aprendizagem do cérebro, tem para despertar e manter a atenção dos alunos para aquilo que ele quer ensinar, pois sem prestar atenção o aluno não aprende.

É possível entender a dificuldade que muitos professores têm ao disputar a atenção com o celular, com os ruídos externos, com as conversas paralelas e tantos outros fatores que podem desviar a atenção do aluno, principalmente quando a aula se pauta basicamente pela explanação do professor.

> Quando o aluno presta atenção conscientemente, digamos, numa palavra de uma língua estrangeira que o professor acabou de

> apresentar, ele permite que a palavra se propague profundamente em seus circuitos corticais rumando diretamente para o córtex pré-frontal. Como resultado, a palavra tem uma chance muito melhor de ser lembrada (Dehaene, 2022, p. 209).

O mesmo ocorre com a Matemática. Se a aula consegue despertar a atenção do aluno para uma definição, uma característica de um gráfico ou uma propriedade aritmética, contribui para aumentar a chance de aquilo que foi ensinado ser lembrado. No entanto, ainda de acordo com Dehaene (2022, p. 209), "objetos não considerados [que não são foco da atenção] causam somente uma ativação modesta, que produz pouco ou nenhum aprendizado".

Se a atenção é importante para o desenvolvimento da percepção, também o é para a mobilização da memória, embora, nem sempre tudo que venha à mente seja de forma intencional. De acordo com Cosenza e Guerra (2011), Izquierdo (2018) e Tieppo (2021), não há no cérebro uma área exclusiva para a memória, ela é resultante da integração e interação de todos os outros processos cognitivos. É importante destacar que há diferentes tipos de memória: memória de trabalho, também chamada de curta duração, de longa duração, explícita, implícita e que os diversos aspectos que envolvem a aprendizagem determinam a durabilidade ou fragilidade dela (Bransford; Brown; Cocking, 2007).

Esses diferentes tipos de memória requerem, no contexto escolar, tratamentos pedagógicos distintos para que sejam acionados adequadamente de acordo com a situação vivenciada. A memória de trabalho só permite a mobilização de poucas informações durante poucos segundos, mas, juntamente com a memória de longo prazo é fundamental para a resolução de problemas, pois permite que o indivíduo integre as informações novas com aquelas já armazenadas em sua estrutura cognitiva.

É válido destacar que "embora leitura e matemática sejam encaradas como competências distintas, elas compartilham diversos processos cognitivos, tais como: codificação de estímulos visuais, verbalização e memória de trabalho" (Almeida; Justino, 2020, p. 159). Arsalidou e Taylor (2011) destacam que não é toda atividade/situação que ativa o compartilhamento de redes cerebrais. A resolução de problemas, por exemplo, demanda o compartilhamento e integração de processos cognitivos, pois exige além da mobilização de diferentes tipos de memória, atenção, concentração, raciocínio, principalmente quando requer a recuperação de fatos, mesmo durante a operação com números pequenos.

De acordo com Cosenza e Guerra (2011), Berthier, Borst, Desnos e Guilleray (2018), a memória de longo prazo é mobilizada de modos diferentes. No contexto escolar, particularmente do ensino de matemática, é importante sabermos que a forma como as informações são apresentadas e trabalhadas em sala de aula implica na sua memorização. Atividades "mecanizadas", baseadas apenas em algoritmos, aquelas pautadas na reprodução de procedimentos, devem ser repetidas diversas vezes em intervalos pequenos de tempo para aumentar a probabilidade de se atingir uma memorização de longo prazo. Já aquelas mais complexas, que exigem o estabelecimento de relações e articulações entre fatos e conceitos tendem a ser mais significativas e se configurarem memórias mais duradouras, mas também demandam o estudo diversas vezes dos mesmos conceitos, em situações diferentes. Em suma, dificilmente criaremos uma memória de longo prazo fazendo alguma coisa apenas uma única vez. Porém, só a repetição sem a devida compreensão do que se está fazendo não garante a aprendizagem.

É por meio da memória que as informações adquiridas se conservam, ou reconstroem-se, e se tornam disponíveis para serem utilizadas em momento adequado. A memória funciona como uma extensão dos processos perceptivos quando o estímulo que os ativa é interrompido. No entanto, nem tudo que é percebido é consolidado. A memória é uma função mental indispensável à aprendizagem.

> "Memória" significa aquisição, formação, conservação e evocação de informações. **A aquisição é também chamada de aprendizado ou aprendizagem: só se "grava" aquilo que foi aprendido**. A evocação é também chamada de recordação, lembrança, recuperação. Só lembramos aquilo que gravamos, aquilo que foi aprendido (Izquierdo, 2018, p. 11, negrito nosso).

Estudos como os de Izquierdo (2018) e Cosenza e Guerra (2011), destacam que é necessário um período de descanso para haver consolidação da memória. Nessa direção, Louzada e Ribeiro (2017, p. 99), destacam que "[...] o sono antes da realização de uma tarefa contribui para a aquisição do conhecimento, enquanto o sono posterior à mesma contribui para sua consolidação".

O descanso noturno, o sono, é fundamental para a aprendizagem, pois "a consolidação noturna não se limita, portanto, a fortalecer o conhecimento previamente existente. As descobertas durante o dia não somente são armazenadas, mas também recodificadas numa forma mais geral e abstrata (Dehaene, 2022, p. 310).

É importante também saber que não existe só um tipo de memória. Estudiosos como Kandel (2009) e Izquierdo (2018) evidenciaram que a memória não é um fenômeno isolado e possui níveis como representados na Figura 5, suas descobertas destacam que a memória é um processo em que há interação e integração da informação nova (a ser codificada) com outras informações que o indivíduo já conhece, a qual influencia a facilidade com que a nova informação vai ser armazenada e posteriormente recordada.

Para Damásio (2010), a memória inteiramente fidedigna é um mito, apenas aplicável a objetos triviais. Ela sempre é afetada pelo preconceito (conceito prévio), história passada e crença. Ademais, a memória não é imutável, ela é sempre reconstruída e reforçada toda vez que a evocamos. Isso significa que, quando propomos desafios aos alunos, quando eles participam de um jogo que requer a resolução de cálculos mentais ou participam de um quiz, estamos lhes proporcionando oportunidade de aprimorar e/ou corrigir suas memórias, por isso as atividades propostas devem ser cuidadosamente planejadas e possuir objetivos claros e bem definidos, porque nesse momento é possível que os alunos expressem entendimentos equivocados que poderão ser oportunamente corrigidos e, posteriormente, armazenados, assim como a manifestação de uma memória correta pode ser reforçada e até ampliada (Weinstein; Sumeracki; Caviglioli, 2018).

Independentemente do tipo de memória é importante sabermos que memória e aprendizagem estão intrinsicamente relacionadas, pois de acordo com Izquierdo (2018, p. 11), "só lembramos aquilo que gravamos, aquilo que foi aprendido". No tocante à aprendizagem matemática, sempre chamamos a atenção para **o que**, e **como**, essa aprendizagem foi estruturada, porque a aprendizagem matemática não se restringe à memorização de resultados, mas à compreensão do processo pelo qual o resultado é obtido e é essa a memória que o ensino deve cuidar para que aconteça.

Figura 5 – Tipos de Memória.

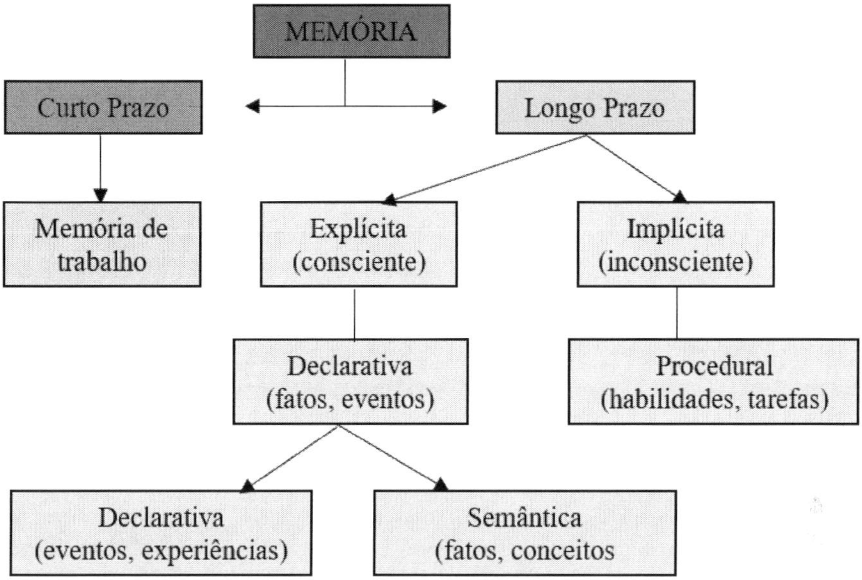

MEMÓRIA
Curto Prazo
Longo Prazo
Memória de trabalho
Explícita (consciente)
Implícita (inconsciente)
Declarativa (fatos, eventos)
Procedural (habilidades, tarefas)
Declarativa (eventos, experiências)
Semântica (fatos, conceitos

Fonte: Organização da pesquisadora com base em Cosenza e Guerra (2011).

Em relação aos processos cognitivos superiores, optamos por apresentar nossas reflexões sobre a linguagem, o raciocínio, a criatividade e a resolução de problemas em uma discussão conjunta, pois entendemos que em uma aula de matemática as estratégias de ensino utilizadas devem instigar a mobilização de tais processos de forma indissociável.

É importante destacar que a **linguagem**, considerada um processo cognitivo superior, é objeto de estudo de áreas diferentes. Estudiosos da psicologia, da antropologia, da linguística e das neurociências têm se dedicado a entender e explicar como a linguagem se estrutura e influencia a aprendizagem humana. No entanto, "[...] o fato de a linguagem ser um sistema arbitrário de símbolos, no qual palavras ou gestos representam coisas e conceitos, e esses símbolos serem arbitrários, constitui seu aspecto mais crucial no que tange às mudanças na mente humana ao longo da vida" (Oliveira; Lent, 2017, p. 36).

A compreensão da linguagem é um processo complexo e o interesse por esse processo cognitivo é crescente, as pesquisas e experimentos de distintas áreas científicas têm gerado muito conhecimento, porém ainda não há consenso entre naturalistas e cognitivistas sobre sua origem e manifestação no ser humano.

Costa e Lucena (2018, p. 123) destacam que "a linguagem está na forma como o ser humano manifesta sua vontade, seus anseios, suas angústias, seu fazer e sua forma de aprender, seja em comunidades ribeirinhas, em uma aldeia indígena ou em uma metrópole". É por meio da linguagem que o ser humano se comunica, organiza e expressa seus pensamentos.

A partir dos estudos das ciências cognitivas, a compreensão da linguagem como um processo cognitivo se desenvolveu e permitiu o entendimento de que a linguagem "[...] torna possível pensar a respeito de coisas e processos que, presentemente, não conseguimos ver, ouvir, sentir ou cheirar. Essas coisas indicam ideias que podem não possuir qualquer forma tangível" (Sternberg, 2010, p. 303), mas que têm potência para mobilizar o pensamento, a memória e as emoções.

De acordo com Sternberg (2010) e Cosenza e Guerra (2011), a linguagem funciona como uma ponte para o pensamento. Ao ser alvo da linguagem, o indivíduo aciona sua estrutura cognitiva, mobiliza outros processos que podem possibilitar ou não o desenvolvimento de pensamentos, sentimentos, emoções, reflexões e o estabelecimento de relações que são base para a construção de conceitos, pois mesmo que a construção de conceitos não seja determinada pelas palavras, certamente o pensamento é afetado por ela.

É certo que a função principal da linguagem é a comunicação, também é certo que os outros animais se comunicam, mas o uso da linguagem em um nível tão elevado de simbologia só o ser humano conseguiu (Costa; Lucena, 2018). Toda a evolução da linguagem deixou marcas no cérebro humano ao ponto de criar circuitos especializados para seu processamento (Cosenza; Guerra, 2011). É importante destacarmos que a linguagem não é só um conjunto de palavras e símbolos que permitem a comunicação, pois sendo a comunicação seu objetivo, ela também se efetiva por gestos ou expressões não verbais e possui características marcantes: comunicativa, arbitrariamente simbólica, estruturada regularmente, estruturada em níveis múltiplos, gerativa e produtiva, dinâmica (Sternberg, 2010).

No âmbito do ensino da matemática, é imprescindível que o aluno seja conhecedor também da linguagem específica que compõe a matemática, isso porque possui uma estrutura regular, própria, cujas mensagens só terão sentido se forem emitidas numa estrutura adequada, ou seja, somente o arranjo de símbolos organizados de acordo com a estrutura da linguagem utilizada poderá ser entendido pelo receptor da mensagem, consequentemente, arranjos diferentes resultam em significados diferentes. Por exemplo, ao escrevermos a mensagem $f(x) = x + 3$, esta será entendida por todos aqueles que conhecem a linguagem da qual utilizamos, porém se organizarmos os mesmos símbolos em uma ordem que não atende a estrutura da linguagem matemática como: $(3) = x\,f{+}x$, não conseguiremos nos comunicar. Ou ainda, ao ler , o indivíduo que conhece a linguagem matemática saberá que os resultados comunicados em cada uma das afirmações são diferentes.

Ainda é longo o caminho da divergência entre estudiosos que defendem ser a linguagem um processo inato, como Pinker (2002), por exemplo, e aqueles que a consideram um processo adquirido. Concordamos com Sternberg (2010), que defende o fato de que tal disputa não é profícua, isso porque, parece ser improvável que o inato ou adquirido, isoladamente, consiga determinar o desenvolvimento da linguagem. Pois, tanto na aquisição como no desenvolvimento da linguagem, o fator inato e o adquirido operam juntos.

A linguagem, de acordo com Sternberg (2010), é o uso de meios organizados de combinar palavras, nem sempre escritas, para se comunicar. No contexto escolar, é "extremamente relevante para a comunicação, apesar de esta não ser sua única função. Para que a comunicação se estabeleça, no entanto, a experiência vivenciada pelo sujeito no mundo real necessita ser simplificada e generalizada, passando à formação de conceitos" (Pauls, 2021, p. 94), que é uma atividade intelectual influenciada pela linguagem. Para a construção de conceitos, além da linguagem, outros processos cognitivos, como o raciocínio, são acionados.

Cabe destacar que a linguagem não é suficiente para a construção de conceitos, assim como para a tomada de decisão, pois esta, de acordo com Sternberg (2008, p. 423), requer "[...] a avaliação das oportunidades e a escolha de uma opção em detrimento de outra". Para tanto, nos utilizamos de princípios e evidências adquiridas por meio da linguagem para tirar ou avaliar conclusões elaboradas. Essa forma de pensar é o que neurocientistas denominam de **raciocínio** e que pode ser dividido em indutivo e dedutivo (Sternberg, 2010).

No ensino da matemática, o raciocínio dedutivo é muito requerido, pois sempre se parte de uma proposição que pode ser verdadeira ou falsa para se deduzir propriedades, características, fazer demonstrações sobre entes matemáticos. Para esse tipo de raciocínio é necessário que o processo de ensino não se paute na reprodução de regras pré-estabelecidas, mas na articulação, no estabelecimento de relações que são a base da dedução.

Quadro 1 – Tipos de Raciocínio

Raciocínio dedutivo	**Raciocínio indutivo**
É o processo de raciocínio a partir de um ou mais enunciados com relação ao que se sabe para chegar a uma conclusão logicamente certa.	É o processo de raciocinar a partir de fatos ou observações específicos para chegar a uma conclusão provável que possa explicar os fatos.

Fonte: Sternberg (2008, p. 423).

O raciocínio dedutivo desenvolve a capacidade de articulação entre várias proposições para se chegar a uma conclusão. Não se raciocina dedutivamente repetindo-se um algoritmo dezenas de vezes ou aplicando uma regra repetidamente, sem o estabelecimento de argumentos lógicos, sem antes ter construído o entendimento daquilo que se está fazendo. De modo geral, o raciocínio dedutivo, quando bem mobilizado, ajuda no desenvolvimento de argumenta*ções refletidas.*

Nas demonstrações geométricas, por exemplo, opera-se o tempo todo com o raciocínio dedutivo. Nessas demonstrações, podemos ter o acionamento do raciocínio dedutivo condicional, aquele "[...] no qual a pessoa que raciocina precisa chegar a uma conclusão baseada em uma proposição do tipo se--então" (Sternberg, 2010, p. 447), ou do silogístico, raciocínio dedutivo, cujo argumento base decorre da interligação de três proposições, onde a terceira é a conclusão dedutiva das duas primeiras. O raciocínio silogístico é do tipo:

Todo número par é divisível por 2
16 é divisível por 2
Logo, 16 é um número par

Ou ainda:
Todo triângulo equilátero possui 3 lados congruentes
O triângulo ABC possui apenas 2 lados congruentes
Logo, o triângulo ABC não é equilátero.

Uma questão do tipo: dadas as retas *l//m* e a reta *t*, demonstre que $\hat{1} \cong \hat{4}$, sabendo que $\hat{2} \cong \hat{3}$ é comumente trabalhada no 8º e 9º anos do Ensino Fundamental e requer a mobilização de processos cognitivos básicos e superiores, desde a representação gráfica até a demonstração solicitada. Observe que a própria representação já aciona a atenção e a articulação de relações porque demanda percepção e compreensão visual.

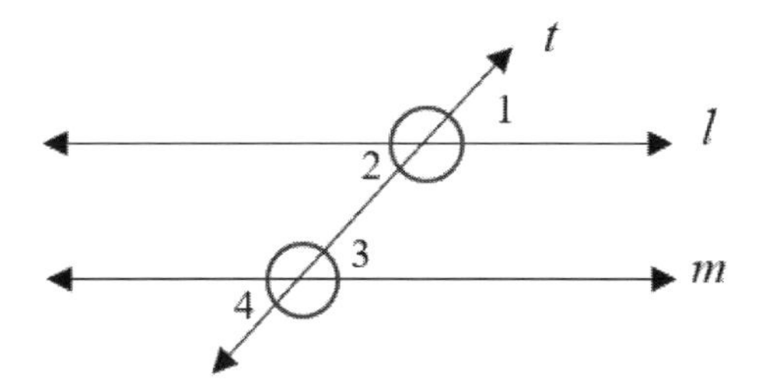

Inicialmente, observamos que é necessário ter conhecimento da linguagem empregada para se entender as informações dadas, para da*í* proceder a elaboração de argumentos para solucionar a questão que apresenta uma proposição inicial considerada verdadeira: $\hat{2} \cong \hat{3}$ a qual necessita ser decodificada. Ou seja, *é necessário* conhecermos a linguagem para sabermos que a informação inicial dada é que o ângulo 2 é congruente ao ângulo 3, isto é, possuem a mesma medida. Embora seja uma informação dada, é necessário raciocinar para entendermos as consequências dessa informação crucial para a demonstração solicitada. Para tanto, há o acionamento da percepção e uma evocação da memória para chegar à conclusão de que a demonstração solicitada só é possível porque $\hat{1} \cong \hat{2}$ pelo fato de serem opostos pelo vértice (o.p.v) e que esta condição se repete com os ângulos 3 e 4, logo, como $\hat{2} \cong \hat{3}$ (*condição dada*) e o ângulo 3 é o.p.v com o ângulo 4, conclui-se que $\hat{1} \cong \hat{4}$ (o ângulo 1 é congruente ao ângulo 4).

Essa questão nos mostra que sua resolução mobiliza de forma integrada processos cognitivos básicos e superiores e que para se chegar ao resultado esperado há a necessidade de mobilizar o raciocínio que, por sua vez, será diretamente influenciado pela linguagem. O raciocínio é considerado um processo cognitivo superior, implica formulação de pensamentos, processamento de princípios e provas para se chegar a uma conclusão.

O raciocínio dedutivo parte de uma ou mais afirmações gerais relativas ao que se conhece para obter uma conclusão logicamente correta. O raciocínio dedutivo difere-se do raciocínio indutivo porque este tem como ponto de partida uma base formada por fatos e observações específicos para chegar a uma conclusão provável que pode explicar os fatos (Sternberg, 2010).

Figura 6 – Mobilização de processos cognitivos indissociáveis.

Fonte: Elaboração da pesquisadora (2023).

O raciocínio e a criatividade são processos cognitivos indispensáveis à resolução de problemas cuja solução depende da linguagem adquirida pelo indivíduo e empregada na situação-problema. No âmbito da cognição, a habilidade de resolver problemas é um dos processos cognitivos superiores e tem como ponto de partida a identificação de uma situação como problemática. A partir daí requer a definição, a representação e a compreensão dos elementos que determinam o problema para poder solucioná-lo. Porém é necessário que o problema esteja bem definido para que as estratégias formuladas tenham chance de solucioná-lo.

Segundo Sternberg (2010), as etapas para a resolução de um problema são:

1) Identificação do problema (análise e síntese dos elementos);
2) Definição do problema;
3) Elaboração de estratégias;
4) Organização das informações;
5) Alocação de recursos;
6) Monitoramento;
7) Avaliação.

Ainda de acordo com o autor citado, os problemas podem ser classificados em bem estruturados – possuem percursos claros; e os mal estruturados – não possuem claridade na orientação dada. Nessa direção, é válido refletirmos sobre a proposição de problemas nas aulas de matemática para reconhecermos que devemos ter o cuidado de propô-los de forma clara e bem estruturados para que os alunos tenham condições de entendê-los e elaborarem soluções viáveis. Pois, na busca de solução para um problema o indivíduo mobiliza diferentes processos cognitivos, básicos e superiores, e seu desejo de elaborar uma estratégia válida e eficaz o faz aprender coisas novas e compartilhar conhecimentos com aqueles que possuem o mesmo objetivo.

Se o problema não for bem estruturado pode levar a entendimentos dúbios, incorretos, inviabilizando a elaboração de estratégias adequadas, o que pode implicar no desinteresse pela atividade matemática e contribuir para as dificuldades que se apresentam no processo de ensino-aprendizagem da matemática ocasionadas, muitas vezes, pelo sentimento de incapacidade, incompetência e inadequação que os alunos desenvolvem ao longo dos anos escolares em que vão acumulando fracassos nem sempre decorrentes de questões intrínsecas a eles, mas a um conjunto de ações docentes que não levaram em consideração que a aprendizagem está diretamente relacionada ao ensino e que a forma como a matemática é apresentada, tratada e cobrada em sala de aula, também influencia no desejo de aprender dos alunos e nas memórias que eles criam da e com a matemática.

A eficácia da ativação de módulos neurais é necessária à aprendizagem, mas não é suficiente! As aulas, as atividades as quais os alunos são submetidos têm uma abrangência muito mais ampla que a ativação da atenção e da memória. Elas têm o potencial para acionar emoções e desejos que estão na base da motivação para aprender que, por sua vez, não é meramente uma questão neurológica (Charlot, 2020) e possui influências, positivas e/ou negativas, do meio sociocultural no qual o indivíduo está inserido.

Embora reconheçamos que a aprendizagem não é apenas resultado do adequado acionamento de funções cognitivas, não podemos ignorar que a ação pedagógica tem, também, este objetivo, devendo, portanto, buscar alcançá-lo da melhor maneira possível para o aluno. O que implica considerar um conjunto de fatores que extrapolam a esfera educacional e se corporificam em demandas sociais, econômicas, políticas e culturais, da sociedade contemporânea que dita o perfil de homem e mulher esperados.

Dada a complexa trama que representa as relações necessárias ao processo de ensino-aprendizagem escolar, particularmente da matemática, é importante refletirmos sobre mais um elemento que compõe essa trama: a criatividade e, consequentemente, como as aulas de matemática contribuem, ou não, para seu desenvolvimento.

Ao longo dos tempos, a **criatividade** foi entendida e definida de modos diferentes. O reconhecimento de que a criatividade é fundamental para a resolução de problemas em diferentes domínios como na educação, inovação, artes, ciências e tecnologia, impulsionou pesquisas que a tem como objeto de estudo (Runco; Albert, 2010).

Mas, o que a aula de matemática tem a ver com o desenvolvimento da criatividade dos alunos? A resposta a esta pergunta não é simples e passa pelo entendimento de que cada um de nós tem do que é ser bem-sucedido na matemática. Se para você o sucesso na matemática decorre da simples memorização, da velocidade de cálculo e do emprego fiel de procedimentos previamente ensinados, então, sua resposta, provavelmente, tenderá a ser negativa.

Pensar a relação entre aprendizagem matemática e criatividade requer perceber a matemática como uma disciplina de padrões e conexões nem sempre apresentados quando iniciamos uma aula pela definição de um objeto matemático. O modo como apresentamos a matemática a nossos alunos influencia no pensamento criativo deles, pois, quando a ação pedagógica incentiva, por exemplo, "[...] que os alunos vejam a matemática como padrões, mais do que como métodos e regras, eles ficam entusiasmados com a disciplina" (Boaler, 2018, p.157) e costumam ser mais observadores e criativos nas suas respostas.

A criatividade é entendida como um dos processos cognitivos superiores e pessoas ditas criativas marcaram a história com suas ideias, criações e posicionamentos que ajudaram a mudar, em diferentes épocas, a economia, a educação e *a ciência de modo geral.* No cerne das discussões sobre a criatividade, duas questões são postas como indispensáveis: a criação (resolução de problemas diversos – campo das ideias) e o ineditismo do produto criado (produto novo). "A atividade mental sem um produto não é criatividade. A verdadeira criatividade passa por um processo de invenção ou de fazer algo novo" (Henriques, 2015, p. 05).

O desenvolvimento da criatividade perpassa pela mobilização do pensamento crítico e criativo, que requer, de acordo com Fonseca e Gontijo (2020, p. 917), "fluência e flexibilidade de pensamento e originalidade ou adequação ao contexto. Para esses autores, no âmbito do processo de ensino-aprendizagem da matemática, este tipo de pensamento

> [...] se materializa por meio da adoção de múltiplas estratégias para se encontrar resposta(s) para um mesmo problema associada à capacidade de refletir sobre as estratégias criadas, analisando-as, questionando-as e interpretando-as a fim de apresentar a melhor solução possível (Fonseca; Gontijo, 2020, p. 917).

O desenvolvimento do pensamento criativo não se alcança com ações didático-pedagógicas pautadas no pensamento reprodutivo, com problemas/questões fechadas, em que o único fator desconhecido é o resultado da aplicação de um procedimento e de uma fórmula previamente memorizados (Boaler, 2018; Fonseca; Gontijo, 2021). O pensamento criativo requer estabelecimento de relações, criticidade e reflexão para entender a situação posta, analisar as ferramentas de que se dispõe, buscar ajuda, elaborar estratégias e testá-las, discutir os resultados obtidos para otimizar a resposta construída.

Uma questão matemática do tipo arme e efetue, calcule a área da figura dada ou calcule a imagem de um $f(x)$ qualquer, são questões fechadas que não permitem o desenvolvimento da criatividade do aluno. Observe as situações a seguir.

1) Calcule a área da figura abaixo.

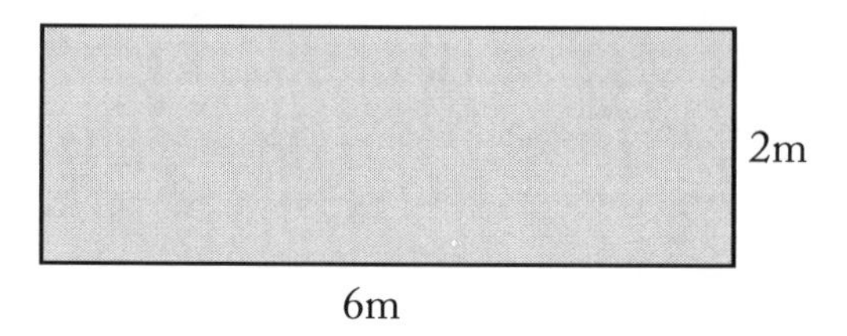

2) Calcule $f(x)$ para $x = 2$, sendo $f(x) = x + 1$.

A situação 1 exige do aluno apenas a aplicação direta de uma fórmula nos valores que são explicitamente dados. Ou seja, basta lembrar que área do retângulo é dada pela multiplicação de dois lados de medidas diferentes, o que é comumente representado pelo produto base (*b*) *x* altura (*h*). Logo, o aluno apenas fará: $A = b \cdot h$, muitas vezes, dando apenas a resposta numérica 12, sem ao menos refletir sobre o significado de $12m^2$.

Mas, se ao invés de pedirmos para apenas calcular a área, pedirmos para representar todos os retângulos que possuem área igual a $12m^2$, estaríamos propiciando a este aluno o estabelecimento de relações, deduções, requerendo reflexões sobre as diferentes soluções encontradas.

De igual modo, a situação 2, da forma como está proposta, *não* exige criatividade. Trata-se, na perspectiva da mobilização de processos cognitivos, de uma atividade simples que pode ser resolvida apenas pela substituição da variável *x* pelo valor numérico dado. De modo que o trabalho intelectual do aluno se restringe à realização da adição de $2 + 1 = 3$. Atividades desse tipo não são multidimensionais, não requerem imaginação, não incentivam a criatividade, ao contrário, fortalecem a ideia de que a matemática *é algo abstrato* e de difícil aprendizagem, pautada em procedimentos em detrimento da mobilização do pensamento crítico e da criatividade.

No âmbito do ensino da matemática, a criatividade está relacionada à capacidade que um indivíduo demonstra para resolver problemas que, por sua vez, depende do acionamento de pensamentos críticos, "visto que existem fases as quais requerem criatividade para gerar ideias novas e diferentes, alternadas por etapas que exigem avaliação e tomadas de decisão no curso das ações, o que caracteriza a ação do pensamento crítico" (Fonseca; Gontijo, 2021, p. 03).

A definição de criatividade é sempre relacional e pode possuir diferentes concepções dependendo da área de conhecimento em que se esteja questionando. Em suas discussões iniciais sobre criatividade, Sternberg (2006) apontou quatro constructos inerentes ao processo criativo: inteligência, estilo cognitivo, personalidade e motivação. Posteriormente, Sternberg (2012), tomando por base estudos de outros psicólogos, definiu que a criatividade decorre da interação e integração entre capacidades intelectuais, estilos cognitivos, conhecimento prévio, personalidade, motivação e contexto.

Para o desenvolvimento da criatividade, segundo Sternberg (2010, p. 425), "apesar da diversidade das visões, a maioria dos pesquisadores concordaria que a maior parte das características individuais e das condições ambientais precedentes são necessárias. Nenhuma, isoladamente, seria suficiente". Descobertas da neurociência indicam que regiões pré-frontais são especialmente ativadas durante o desenvolvimento de atividades que exigem criatividade do indivíduo e que essa ativação é um processo consciente, o que nos leva à percepção de que a criatividade não é um dom, mas um resultado de um consciente trabalho intelectual capaz de estabelecer relações entre fatores, eventos e elementos, muitas vezes considerados de pouco valor pela maioria dos indivíduos (Ashton, 2016; Sternberg, 2010; Zugman, 2008).

O pensamento criativo é pautado na imaginação, na articulação e na criação de relações, que permitem a elaboração de estratégias para a solução de problemas diversos, inclusive matemáticos. A criatividade, embora muito evidente nas artes, não pode se restringir a elas. Todas as áreas do conhecimento exigem certa dose de criatividade. A matemática não é uma exceção, seus axiomas e teoremas são expressões de mentes criativas e não de "semideuses abençoados pelo universo". Todo o *corpus* que chamamos matemática é resultado do árduo trabalho intelectual, do pensamento crítico e criativo de muitas pessoas que tiveram acesso a informações e estimulações vindas do ambiente no qual estavam inseridos.

Nessa perspectiva, concordando com Neves-Pereira e Fleith (2020, p. 128), entendemos que "[...] todo ato criativo nasce, portanto, da imaginação que se origina no contexto histórico-cultural. A imaginação torna-se então a base estrutural que permitirá a expressão criativa do sujeito". Logo, se queremos alunos criativos em nossas classes de matemática, devemos nos ocupar em pensar modos de mobilizar uma didática que estimule a imaginação e o pensamento crítico em vez de uma didática da reprodução.

A matemática não é uma disciplina estática, fechada, rígida, que só admite um modo de fazer, ao contrário, é multidimensional, multissensorial, requer imaginação, criatividade, estabelecimento de relações, conhecimentos amplos que permitam a mobilização, a interação e a integração de processos cognitivos básicos e superiores para a construção de um pensamento mais aberto, investigativo e profundo no fazer matemático na sala de aula. Fazer matemática no contexto escolar não é resolver listas de exercícios, é desenvolver ideias e percepções matemáticas, observações, argumentações, contestações, que permitam o entendimento de definições e a construção conceitual em detrimento de ações que visam a apreensão de procedimentos.

A forma como ensinamos matemática, a didática que mobilizamos, tem inegável contribuição no processo de aprendizagem de nossos alunos. As ações docentes têm potencial para desenvolver o gosto, o interesse e a criatividade matemática ou, pelo contrário, o medo, a indiferença. Não basta conhecermos sobre técnicas, metodologias, é necessário conhecermos também o potencial que as metodologias têm para despertar e articular pensamentos, emoções, interesses e motivações. Para tanto, podemos aliar conhecimentos didáticos com descobertas das neurociências para refletir sobre o alcance e as limitações das diferentes metodologias que usamos para ensinar matemática.

3 Neurodidática: do que estamos falando?

Nos últimos cinco anos, o prefixo neuro se tornou muito atrativo. É comum, nas redes sociais, sermos bombardeados com propagandas de cursos, treinamentos, produtos, terapias e promessas milagrosas que se apresentam como "neuro alguma coisa". É preciso termos cuidado com certas propagandas enganosas, principalmente quando envolvem questões educacionais. Não podemos simplesmente transferir conhecimentos diretamente das neurociências para contextos educacionais escolares, pois as neurociências e a educação possuem objetivos, métodos e procedimentos diferentes, cada uma é regida por normas diferentes, se desenvolvem em ambientes distintos e validam seus resultados de maneiras diferentes.

No entanto, é possível que pesquisadores da área educacional e professores possam se apropriar intelectualmente dos resultados das neurociências, particularmente, da Neurociência Cognitiva, para (re)pensarem o ensino e entenderem melhor como ocorre a aprendizagem dos alunos.

A Neurociência não é uma área científica "disciplinar". Kandel (2014) destaca a necessidade de uma abordagem transdisciplinar no estudo do funcionamento do cérebro. Tieppo (2021, p. 43-44), destaca a grande complexidade no estudo do cérebro, fato que levou tais estudos a transcenderem a perspectiva biológica e a agregarem áreas muito diferentes, originando assim, "[...] uma nova ciência, bastante abrangente e interdisciplinar: a chamada [N]eurociência". A Neurociência, de acordo com Tieppo (2021, p. 47), "nega a existência da mente como realidade imaterial independente do corpo ou do cérebro e reconhece que os processos mentais são resultantes do nosso sistema nervoso central" (SNC). É uma área que realiza experimentos e busca explicar as capacidades humanas de forma mais abrangente com o objetivo de compreender melhor os mecanismos que regulam o controle das reações nervosas e do comportamento do cérebro. É estudada por diversos profissionais de diferentes áreas: médicos, farmacêuticos, fisioterapeutas, nutricionistas, biólogos, filósofos, engenheiros etc. e, mais recentemente, educadores.

Essa ciência pode ser dividida em 5 grandes grupos: Neurociência Molecular, Neurociência Celular, Neurociência Sistêmica, Neurociência

Comportamental e a Neurociência Cognitiva. É no âmbito da Neurociência Cognitiva que se inserem os estudos da Neurodidática.

A partir da última década do Século XX, teóricos da Educação, da Pedagogia e da Psicologia intensificaram estudos sobre como melhorar a aprendizagem de alunos desde uma perspectiva neurocientífica. Assim, ganharam destaque pesquisas desenvolvidas sob a égide da Neurociência Educacional (neuropsicopedagogia), que segundo Fonseca (2014, p. 236):

> Procura reunir e integrar os estudos do desenvolvimento, das estruturas, das funções e das disfunções do cérebro, ao mesmo tempo que estuda os processos psicocognitivos responsáveis pela aprendizagem e os processos psicopedagógicos responsáveis pelo ensino.

Nessa direção, surge o termo "Neurodidática", que é relativamente novo. Sua primeira publicação, de acordo com Müller (2015), data do ano de 1996 e atribui-se a Gerhard Preiss, doutor em Pedagogia, professor de Didática da Matemática, na Universidade de Freiburg, sua criação no ano de 1988. "O trabalho intitulado 'Neurodidática – contribuições teóricas e práticas' descreve que essa ciência não é apenas um instrumento científico teoricamente coerente e inovador, mas pode ser aplicada beneficamente na prática educativa" (Müller, 2015, p. 148).

Para Herrmann (2009), a Neurodidática guia-se pelo entendimento de que o cérebro necessita ser estimulado constantemente para que haja aprendizagem. Trata-se de uma nova perspectiva, pois pauta-se nas evidências neurocientíficas sobre as condições, estruturas e processos de ensino, tendo como foco a aprendizagem, cuja base alicerça-se, principalmente, na função cerebral da memória.

Codea (2019, p. 18) alerta que a Neurodidática não se apresenta como um novo método pedagógico, mas a partir de evidências da Ciência sobre o funcionamento do nosso Sistema Nervoso Central, pode "reforçar ou ampliar conceitos educacionais que já estão propostos há muitas décadas, senão há mais de um século em alguns casos, e que são amplamente usados em vários níveis educacionais".

A Neurodidática não é a simples junção do prefixo "neuro" à palavra "didática". Mas um novo campo de estudos e conhecimentos que aproxima duas grandes áreas de inquérito sobre como ocorre a aprendizagem, ou em última instância, sobre como respondemos aos estímulos que têm o objetivo de ensino: a Neurociência Cognitiva e a Educação. É importante destacarmos que essas duas áreas, embora realizem estudos para compreender a eficácia de determinado estímulo ou metodologia no processo de aprendizagem, são originárias de bases epistemológicas distintas, se desenvolvem em ambientes diferentes e são regidas por normas e princípios metodológicos próprios.

A Neurociência Cognitiva deriva da convergência da Neurociência e da Psicologia Cognitiva, provavelmente, suas raízes mais profundas sejam a filosofia antiga, desenvolvida em meados do século II d.C, período em que os estudiosos se dedicaram com grande interesse ao estudo da mente. Seu objetivo é entender como determinadas regiões cerebrais acomodam, manifestam e interrelacionam processos mentais como a percepção, a memória, a linguagem, a consciência e a atenção. Pode ser entendida como uma subdivisão da neurociência, um campo de pesquisa que tem o cérebro e seu processamento cognitivo como objeto de estudo, consequentemente, interessa-se pela compreensão dos processos de aprendizagem (Tieppo, 2021; Kandel *et al.*, 2014; Cosenza; Guerra, 2011; Gazzaniga; Ivry; Mangum, 2006).

Já a Educação é uma área que não se resume apenas a questões de aprendizagem, mas também a um conjunto de fatores sociais, físicos, políticos, históricos e culturais que interferem diretamente nos processos pedagógicos em contexto escolar. Na interseção dessas duas grandes áreas, localizamos a Neurociência Pedagógica ou Neurodidática entendida como um campo cujo objeto de estudo é o processo de ensino-aprendizagem, levando em consideração as evidências da Ciência de como o cérebro aprende.

Figura 7 – Esquema representativo da localização da Neurodidática.

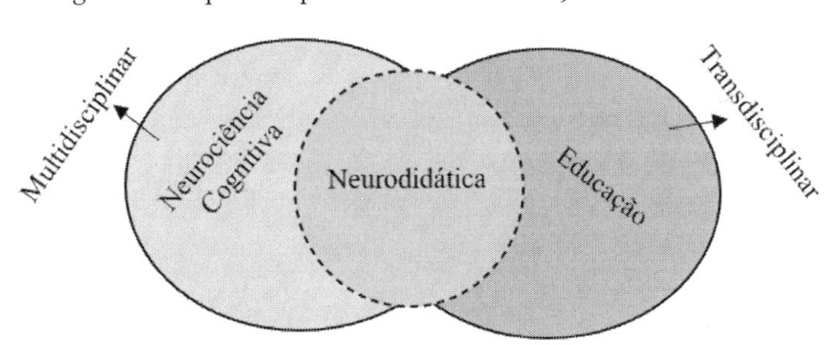

Fonte: Elaboração da autora com base em Codea (2019).

O perímetro do campo da Neurodidática, apresentado na Figura 7, é propositalmente pontilhado para indicar que está aberto, é influenciado e se retroalimenta das descobertas ocorridas nas duas grandes áreas de onde se origina. A partir da área da Educação – que é transdisciplinar – particularmente, do campo da Didática que tem o processo ensino-aprendizagem como objeto de estudo, a Neurodidática admite a multidimensionalidade deste processo, como destacado por Candau (2020, p. 14), e assume que "para ser adequadamente compreendido, precisa ser analisado de modo que articule consistentemente as dimensões humana, técnica e político-social". Consequentemente, reconhece a subjetividade sempre presente em todo relacionamento humano, inclusive no de ensino-aprendizagem em contexto escolar. A multidimensionalidade da ação didática engloba, além da dimensão pessoal, subjetiva, a técnica que, frequentemente, sofre influência e tende a satisfazer as exigências da dimensão político-social que vigora na contemporaneidade.

Da área da Neurociência Cognitiva, que é multidisciplinar, a Neurodidática se apropria de conhecimentos que levam o professor a assumir uma posição que reconhece que, independentemente do processo de ensino, os resultados manifestados pelos alunos não expressam apenas seus esforços mentais, há outros fatores igualmente importantes e intervenientes na aprendizagem. Ou seja, nós, seres humanos, além de nosso intelecto, somos dotados "[...] também de autopreservação e conação, isto é, de *sensibilidade*, de *personalidade* e de *sociabilidade*" (Fonseca, 2014, p. 238, itálico do autor). Tais fatores são muito importantes de serem considerados no âmbito do processo de ensino-aprendizagem, pois a eficácia do ensino requer "[...] olhar para as conexões entre a ciência e a pedagogia – ensinar sem ter consciência como o cérebro funciona é como fabricar *um carro sem motor*. Não se vê o motor, mas sem ele o carro não anda" (Fonseca, 2014, p. 238, itálico do autor).

As ações didáticas em contexto escolar necessitam levar em consideração, além do aspecto intelectual, o emocional e o organizacional, que podem ser entendidos, segundo Fonseca (2014), como componentes das funções cognitiva, conativa e executiva, fundantes de uma estrutura dinâmica da aprendizagem na perspectiva da Neurodidática.

3.1 Bases da Neurodidática

Pensar em uma didática que reconheça a importância do conhecimento da adequada mobilização dos processos cognitivos para a aprendizagem é fundamental para o entendimento da interconexão dos conhecimentos da área da Educação e da Neurociência Cognitiva, pois não basta conhecer como o cérebro aprende, é necessário pensar como as metodologias de ensino podem mobilizá-los de forma consciente e que, quanto mais processos forem mobilizados, maiores as possibilidades de aprendizagem.

Dehaene (2022, p. 203) destaca que há quatro funções que maximizaram a aprendizagem humana: "chamo essas funções de pilares do aprendizado". Para este autor, esses pilares são: a atenção, o envolvimento ativo, o *feedback* para erros e a consolidação. Dehaene (2022) explica porque essas funções são os pilares do aprendizado:

> [A] Atenção, que amplifica as informações que focamos; o Envolvimento Ativo, um algoritmo chamado curiosidade, que incentiva o nosso cérebro a testar incessantemente novas hipóteses; o *Feedback* para erros, que compara nossas predições com a realidade e corrige nossos modelos do mundo; a Consolidação, que automatiza por completo tudo aquilo que aprendemos, usando o sono como um componente-chave (Dehaene, 2022, p. 204).

De modo análogo aos quatro pilares do aprendizado indicados por Dehaene (2022), é possível vislumbrarmos que a Neurodidática se funda em três bases: plasticidade cerebral, emoções, ensino multissensorial/multidimensional, as quais possibilitam novas reflexões sobre a didática e o repensar da "forma" de ensinar.

Ao analisar os pilares para o aprendizado indicados por Dehaene (2022), pensamos ser importante refletir sobre possíveis bases para a Neurodidática, pois, entendemos o ensino e a aprendizagem como polos indissociáveis de um mesmo processo: o processo de ensino-aprendizagem cuja efetivação e eficácia sugerem a necessidade de conhecimento dos pilares do aprendizado para podermos melhor direcioná-lo. Ademais, é importante entendermos que a Neurodidática funda suas ações em conhecimentos e aspectos que ultrapassam os limites de uma disciplina, que reconhece a importância de o ato de ensinar mobilizar diferentes sentidos, que o estado emocional, tanto do aluno quanto do professor, influenciam nesse processo, e que todos que não possuam algum dano em seus sistema neuronal podem aprender matemática, embora haja, em uma mesma turma, ritmos e tempos de aprendizagem diferentes. E mesmo aqueles com algum grau de comprometimento, se estimulados adequadamente por profissionais competentes (com formação adequada), podem construir alguma aprendizagem.

Figura 8 – Representação das bases da Neurodidática.

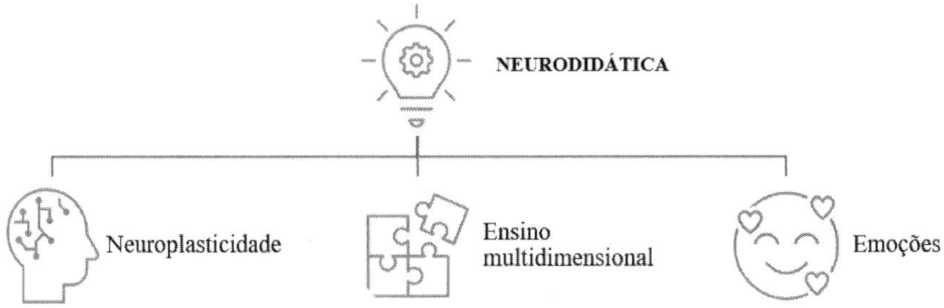

Fonte: Organização da pesquisadora (2023).

A Neurodidática não está para criar "novas" metodologias de ensino, mas se dedica a analisar, com base no funcionamento das funções cerebrais, o alcance, as limitações e a potência de metodologias já existentes, indicando possibilidades de adequações e/ou complementações que o professor pode fazer para que o ensino que ele realiza mobilize, adequadamente, os processos cognitivos da aprendizagem humana, destacando que a aprendizagem não é só resultante de processos intelectuais, depende também de aspectos emocionais/ conativos e executivos.

É válido destacar que a Neurodidática admite a importância de conhecermos sobre o funcionamento do SNC e suas implicações à aprendizagem, mas que "[...] qualquer teoria que se baseie *apenas* no sistema nervoso para explicar mente e consciência [consequentemente aprendizagem] também está fadada ao fracasso (Damásio, 2022, p. 27, itálico do autor). Logo, não podemos pensar o ensino apenas em termos do funcionamento do sistema nervoso central, mas tampouco deixar de considerar seu funcionamento e as possibilidades de interações entre o cérebro, o corpo como um todo, e as influências do ambiente onde o indivíduo está inserido, seja a sala de aula ou outro contexto social. Nessa simbiose interagem sentimento, imagens mentais, ideias e aspectos biológicos que permitem a construção do conhecimento e a criação de significados para as vivências do indivíduo, inclusive, no ambiente escolar.

Assim, a Neurodidática finca suas bases em aspectos do sistema nervoso central como a plasticidade cerebral, mas também em aspectos conativos como a emoção.

a) Plasticidade Cerebral

A capacidade que nosso cérebro possui para aprender, esquecer, reaprender e se adaptar a situações novas ao longo de toda a nossa existência, é denominada plasticidade. A plasticidade cerebral ocorre com a estimulação adequada e é capaz de gerar novas conexões neuronais. Isso faz com que, mesmo pessoas que sofrem comprometimento de alguma região cerebral, como ocorre em casos de acidente vascular cerebral (AVC), ou acidentes automobilísticos, sejam capazes de recuperar, em algum grau, funções que foram afetadas pelo dano causado ao cérebro. Em cérebros saudáveis essa plasticidade cerebral nos permite aprendermos qualquer coisa e continuarmos aprendendo em qualquer idade.

De acordo com Dehaene (2022, p. 203), "a mera existência da plasticidade sináptica não basta para explicar o extraordinário sucesso da nossa espécie", mas é indispensável para que o aprendizado aconteça. Conhecer como a plasticidade cerebral ocorre é fundamental para que o professor entenda que todos os alunos são capazes de aprender, mesmo que em ritmos diferentes, por isso ela se torna uma base para a Neurodidática, que intenciona fundamentar suas ações em conhecimentos que explicam como o indivíduo adquire, processa e acomoda as informações para construir conhecimentos.

A plasticidade cerebral, de acordo com Cosenza e Guerra (2011, p. 36), é a "sua capacidade de fazer e desfazer ligações entre neurônios como consequência das interações constantes com o ambiente externo e interno ao corpo". Isto ocorre porque "o treino e a aprendizagem podem levar à criação de novas sinapses e à facilitação do fluxo da informação dentro de um circuito nervoso" (Cosenza; Guerra, 2011, p. 36).

Então, não é verdade que matemática é para poucos! Na realidade todos os cérebros podem aprender matemática. No entanto, é importante lembrarmos que, do ponto de vista da aprendizagem, a neuroplasticidade pode ser positiva ou negativa, ou seja, pode agir também para o esquecimento, pois como o cérebro se modifica de acordo com os estímulos que recebe e as marcas que tais estímulos são capazes de impregnar, "o desuso, ou uma doença, podem fazer com que ligações sejam desfeitas, empobrecendo a comunicação nos circuitos atingidos" (Cosenza; Guerra, 2011, p. 36). Assim, se não houver estimulação, se o cérebro não for mobilizado para praticar, relembrar e estabelecer relações que envolvam aquilo que você viu em uma aula de matemática, por exemplo, certamente estará propenso ao esquecimento, pois é a plasticidade derivada do estabelecimento ou do indeferimento de conexões entre neurônios que fortalecem ou enfraquecem o processo de aprendizagem.

> Resumindo do ponto de vista neurobiológico a aprendizagem se traduz pela formação e consolidação das ligações entre células nervosas. É fruto de modificações químicas e estruturais no sistema nervoso de cada um, que exigem energia e tempo para se manifestar. Professores podem facilitar o processo, mas, em última análise, a aprendizagem é um fenômeno individual e privado e vai obedecer às circunstâncias históricas de cada um de nós (Cosenza; Guerra, 2011, p. 38).

A neuroplasticidade nos permite o entendimento de que a aprendizagem tem um forte fator biológico, pois necessita da formação e consolidação de ligações entre neurônios, as chamadas sinapses. As sinapses são pontos de encontro entre neurônios. A sinapse típica, e a mais frequente, é aquela na qual o axônio de um neurônio se conecta ao segundo neurônio por meio do estabelecimento de contatos, normalmente de um de seus dendritos, ou com o corpo celular. Existem duas maneiras pelas quais isso pode acontecer: as sinapses elétricas e as sinapses químicas (Cardoso, 2000, s.p.). Para mais informações sobre sinapses recomendamos a leitura de Tieppo (2021).

Nosso cérebro possui bilhões de neurônios e a troca de informações entre eles é a matéria-prima para a aprendizagem, para a construção de experiências. Nos primeiros anos de vida temos um excesso de sinapses. De acordo com Herculano-Houzel (2010, p. 21), "no cérebro, o que faz a remoção, a eliminação dessas sinapses em excesso, das conexões excessivas entre neurônios, é justamente o uso". Para esta autora, "o excesso de conexões no início do desenvolvimento serve, portanto, como matéria-prima que permite que aquele cérebro se transforme em essencialmente qualquer coisa de acordo com as suas experiências" (Herculano-Houzel, 2010, p. 22). Em um cérebro saudável, é o uso, a estimulação, que permite a aprendizagem, o enfraquecimento dos excessos e a criação de sentidos para as conexões estabelecidas.

Figura 8.2 – Representação de uma sinapse.

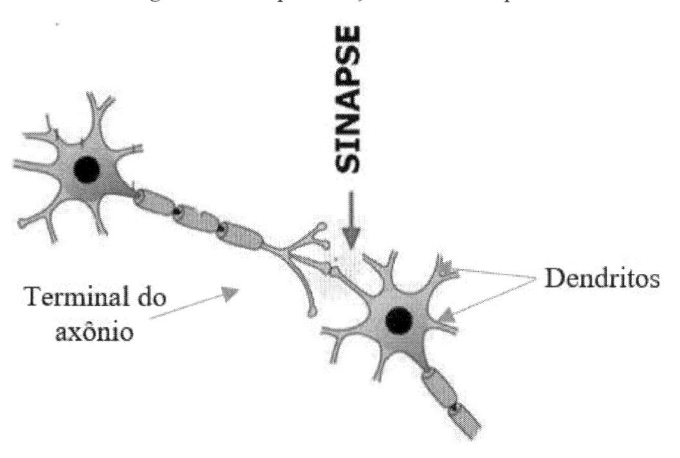

Fonte: Imagem disponível em: https://www.todabiologia.com

É válido destacar que a Neurodidática não descarta a influência dos fatores sócio-históricos e culturais na atribuição de sentidos e significados ao que está sendo aprendido, ou seja, às conexões estabelecidas. Isto porque não somos constituídos apenas de genética, somos também cultura.

> É claro que nós devemos reconhecer que diferenças inatas, biológicas, genéticas, têm sim a sua contribuição na capacidade de cada um. Mas mais importante, ainda, é reconhecer que **oportunidade**, **prática**, **motivação**, são muito mais importantes, são muito mais determinantes no aprendizado de nossas capacidades desenvolvidas do que esse ponto de partida biológico, genético ou não. (Herculano-Houzel, 2010, p. 25, destaque nosso).

Nessa perspectiva, concordamos com Charlot (2020) quando chama a atenção para a perigosa tendência de atribuirmos à argumentos neurocientíficos a resolução de problemas pedagógicos seculares enfrentados no contexto escolar. Pois, embora a aprendizagem dependa da atividade cerebral, há questões independentes do seu suporte orgânico: fatores sociais, executivos, emocionais, culturais, históricos, econômicos, geopolíticos, situações extrínsecas ao indivíduo e, muitas vezes, fora de seu controle, que influenciam e interferem no desejo de querer aprender e nas possibilidades que se constroem para que a aprendizagem aconteça. Para este autor, "[...] aprender não pode ser reduzido à atividade cerebral, que é o suporte orgânico, mas não a causa. Pensar o homem como uma reunião de regiões cerebrais é uma concepção extremamente abstrata do homem" (Charlot, p. 116). Aqui, temos esta consciência, mas reconhecemos também a importância de conhecermos sobre o suporte orgânico da aprendizagem porque, quanto mais soubermos como o cérebro funciona, mais relações e reflexões sobre as diferentes dimensões da aprendizagem e da prática pedagógica poderemos estabelecer.

A neuroplasticidade, de modo geral, nos leva ao entendimento de que, do ponto de vista do cérebro, todos nós podemos aprender qualquer coisa, certamente, respeitando o limite de cada um em função do tempo, pois à medida que envelhecemos não perdemos a capacidade de aprender, mas surgem impedimentos físicos e a "maleabilidade" de nosso cérebro se torna mais lenta. Isto quer dizer que, com 70 ou 80 anos, não teremos mais o mesmo vigor físico que tínhamos aos 18 ou 20 anos, então não teremos mais, por exemplo, a mesma disponibilidade e velocidade física para aprendermos ginástica rítmica. Porém, podemos, se bem estimulados e motivados, estabelecer novas sinapses, causar modificações em nosso cérebro, aprender e executar alguns movimentos.

No contexto da Neurodidática, quando pensamos a aprendizagem em ambientes escolares, na função de professores, cabe-nos a reflexão sobre como podemos proporcionar aos nossos alunos situações que lhes exijam cada vez mais a realização de sinapses de qualidade, pois a aprendizagem é um processo que não está vinculado à quantidade de interconexões neuronais, mas à qualidade dessas interconexões.

b) Emoções

A criatividade é fundamental para o processo de ensino-aprendizagem, pois por meio dela podemos surpreender e emocionar o cérebro de nossos alunos. A surpresa nos faz pensar de novo, despertar nosso interesse e nos motiva a nos esforçarmos. É por isso que é importante estimular a criatividade nos alunos, especialmente nas crianças, para que elas tenham um cérebro mais emocionado e produtivo, pois a criatividade é alimento para as emoções e uma aprendizagem vinculada a emoções tende a ser mais duradoura.

Lembramos, em concordância com Cosenza e Guerra (2011, p. 75), que "do ponto de vista que aqui nos interessa, as emoções são fenômenos que assinalam a presença de algo importante ou significante em um determinado momento na vida de um indivíduo". Então, em uma sala de aula, se aquilo que fazemos quando estamos a ensinar for capaz de ativar boas emoções em nossos alunos, terá um grande potencial para desenvolver a aprendizagem que pretendíamos, pois as emoções podem causar alterações nos processos mentais e mobilizar "recursos cognitivos existentes, como a atenção e a percepção", fazendo com que o aluno escolha se aproximar ou se afastar do que estamos fazendo (Cosenza; Guerra, 2011, p. 75).

António Damásio, em seus livros "O erro de Descartes: emoção, razão e o cérebro humano" (2012) e em "A estranha ordem das coisas: as origens biológicas dos sentimentos e da cultura" (2018), destaca que é um erro pensarmos que somos essencialmente racionais e nos faz entender a importância e as implicações das emoções e dos sentimentos para o desenvolvimento do homem e da mulher, que passa, invariavelmente, pela aprendizagem que origina uma cultura humana.

No senso comum, geralmente usamos os termos "sentimento" e "emoção" como sinônimos, porém, de acordo com Damásio e LeDoux (2014, p. 938), "em certo sentido, os sentimentos são significados que o encéfalo cria para representar os fenômenos fisiológicos gerados pelo estado emocional".

Nosso sistema nervoso pode ser subdividido em central (SNC) e periférico (SNP). Aqui nos é importante saber que o SNC é constituído pelo encéfalo e medula espinhal. O cérebro é a maior massa do encéfalo e é dividido em quatro lobos: frontal, parietal, temporal e occipital. O tálamo é a segunda maior massa do encéfalo e tem como função processar a maioria das informações sensoriais recebidas pelo corpo, além de ser responsável pelo controle do sono, apetite e movimentos musculares. O mesencéfalo é a terceira maior massa do encéfalo e tem funções relacionadas à coordenação dos movimentos, controle do equilíbrio e manutenção do estado de consciência. A ponte e o cerebelo são os últimos componentes do encéfalo e estão relacionados à coordenação dos movimentos musculares, equilíbrio e funções cognitivas. O bulbo é uma região que contém centros que regulam a pressão sanguínea e a atividade digestiva (Tieppo, 2021; Kandel, *et al.*, 2014).

Figuras 8a, b – Vistas do encéfalo e suas divisões.

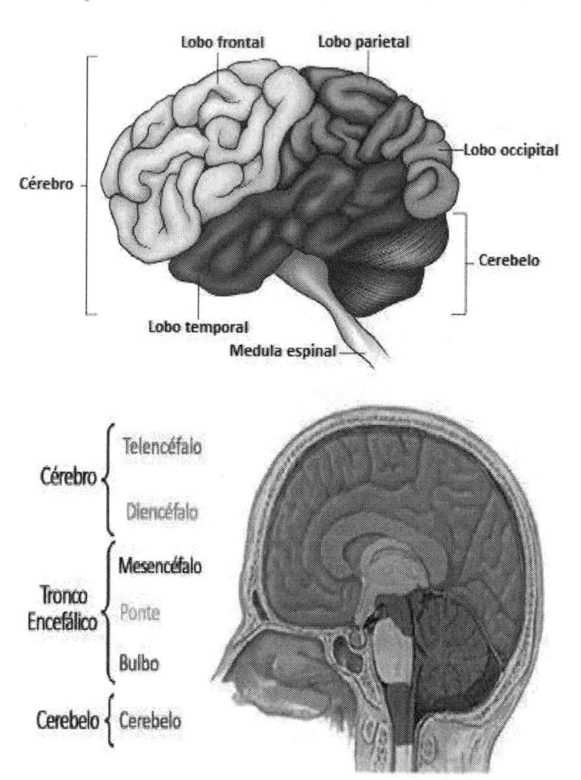

Fonte: Imagens disponíveis em: http://residenciapediatrica.com.br.
E https://mundoeducacao.uol.com.br/biologia/cerebro.htm, respectivamente.

É nessa complexa estrutura do encéfalo que ocorre o processamento dos estímulos recebidos: um elogio, um texto para ler, um gráfico para construir, um carinho etc., que originarão as emoções, pois de acordo com Damásio e Ledoux (2014, p. 938):

> Em suma, emoções são respostas comportamentais e cognitivas automáticas, geralmente inconscientes, disparadas quando o encéfalo detecta um estímulo significativo, positiva ou negativamente carregado. Sentimentos são as percepções conscientes das respostas emocionais.

Então, em uma sala de aula, a ação pedagógica pode despertar emoções que poderão gerar sentimentos e fazer com que o aluno simpatize com o conteúdo ou crie aversão a ele. Em se tratando do ensino de matemática, não raro encontramos com pessoas que têm uma alguma situação desagradável para contar, situações que lhe originaram sentimentos negativos em relação à matemática. Um exemplo clássico desse tipo de situação é a tabuada, principalmente quando sua prática, ou cobrança, foi acompanhada de castigos, humilhações ou situações em que o aluno se sentiu desconfortável. As atividades desenvolvidas pelos alunos, no quadro da sala de aula também podem ser uma fonte de emoções negativas, como o medo de errar ao resolver alguma questão, pois ao ser zombado por isso, pelos colegas, pode desenvolver o sentimento de inadequação a esse ambiente ou incapacidade para com essa matéria.

As emoções, de acordo com Cosenza e Guerra (2011, p. 81), "[...] são importantes para os seres humanos da mesma forma que para os outros animais. Contudo, diferentemente deles, somos capazes de tomar consciência desses fenômenos, podendo identificá-los e rotulá-los". No contexto do ensino de matemática, é importante que saibamos identificar situações que ocasionam emoções negativas e auxiliar nossos alunos a aprenderem a lidar com elas, e isso passa pela forma como agimos frente a situações em que eles se mostram desconfortáveis no processo de aprendizagem da matemática. Tão importante quanto auxiliar nossos alunos a gerenciarem seu desenvolvimento emocional é, nós professores, também aprendermos a gerenciar as nossas emoções e buscar ajuda quando percebermos que não estamos tendo êxito nessa tarefa, pois nossas ações pedagógicas sofrem influências do nosso estado emocional.

As emoções positivas são muito importantes para o processo de aprendizagem. Elas desenvolvem um encorajamento positivo para o aluno seguir fazendo desta maneira e não de outra. Por isso, elogiar quando o aluno acerta uma resposta é importante tanto quanto elogiar sua tentativa e seu esforço para elaborar estratégias e buscar soluções para questões propostas. As emoções positivas como a alegria de ser elogiado pelo desempenho ou pelo esforço ocasiona um retorno positivo da tarefa realizada ou tentada e influenciam na motivação que se cria para continuar tentando.

O elogio adequadamente realizado pode criar emoções positivas. Porém, é importante atentarmos para o fato de que:

> O elogio gera uma sensação de conforto, mas quando as pessoas são elogiadas pelo que são ("você é tão inteligente") e não pelo que fizeram ("Você fez um trabalho incrível"), elas ficam com a ideia de que têm uma quantidade fixa de capacidade. Dizer aos estudantes que eles são inteligentes os embosca em problemas posteriores (Boaler, 2018, p. 7).

O mais adequado, de acordo com Boaler (2018), é elogiarmos não os atributos pessoais, mas o esforço, a dedicação, a tentativa, a superação de dificuldades, a elaboração de estratégias, a explicação de uma lógica usada, a reflexão, o trabalho cognitivo, pois dessa forma, muito provavelmente, poderemos afetar, positivamente, o desempenho dos alunos.

Para Herculano-Houzel (2010, p. 27), "[...] além dos efeitos diretos no aprendizado, a motivação é fundamental por outra razão: é ela que permite que nós nos empenhemos na prática. É a motivação que faz com que nos dediquemos, de fato, a aprender algo". Então, podemos fortalecer a motivação de nossos alunos por meio de ações básicas que colaborem com o autodesenvolvimento emocional deles ao propor tarefas nem muito difíceis e nem fáceis demais, ao elogiar as pequenas e as grandes conquistas, ao encorajá-los nos desafios, ao podar situações de constrangimentos, ao dar oportunidades para expressarem seus entendimentos, dúvidas e dificuldades, ao criar ambientes de aprendizagem matemática com mais significado etc. Ações importantes, afinal, nossas motivações nos levam a repetir comportamentos que nos rendem recompensas.

c) Ensino multissensorial/multidimensional

A Neurodidática reconhece que o cérebro aprende melhor se é estimulado com os cinco sentidos (Dehaene, 2022). Ou seja, há maior probabilidade de aprendizagem quando a via de recepção da informação não é apenas um dos sentidos – visão ou audição, por exemplo – como ocorre na explanação de um conteúdo pelo professor, mas sim multissensorial. Consequentemente, se as atividades de ensino forem multissensoriais, haverá maior probabilidade de ocorrer aprendizagem de mais alunos em uma turma, pois nem todos priorizam o processamento das informações pelo mesmo canal, isso porque tem alunos que têm facilidade de aprender ouvindo, outros escrevendo, outros são mais imagéticos.

As atividades de ensino multissensoriais garantem que todos tenham, pelo menos, um canal de acesso à informação e cada indivíduo estimule seu cérebro de maneiras diferentes, aumentando a possibilidade de percepção e de acionamento da memória em relação àquilo que está sendo ensinado.

A importância de refletirmos sobre a necessidade da ação do ensino, consequentemente, sobre a didática empregada pelo professor, variar a estimulação dos diferentes sentidos no processo de ensino-aprendizagem, se deve ao fato de que a forma como o aluno adquire a informação tem implicações na memorização, pois "os códigos e processos utilizados pelos neurônios não são idênticos à realidade da qual extraem ou à qual revertem as informações" (Izquierdo, 2018, p. 21), isso por quê:

> Existe um processo de tradução entre a realidade das experiências e a formação da memória respectiva; e outro entre esta e a correspondente evocação. Como foi dito, nós os humanos usamos muito a linguagem para fazer essas traduções; os animais não. As emoções, o contexto e a combinação de ambos influenciam a aquisição e a evocação [...] (Izquierdo, 2018, p. 21).

É inegável que um ensino multissensorial no contexto da escolarização, particularmente do ensino da matemática, requer um engajamento ativo do próprio aluno. Assim como ações didáticas pautadas apenas na exposição do conteúdo pelo professor são limitadas e pobres na mobilização de emoções e na articulação de contextos, o que pode implicar empobrecimento na aquisição/construção da memória e sua posterior evocação.

Quando o aluno está inserido em um ambiente que estimula seu engajamento ativo, ele tem maior probabilidade de desenvolver aprendizagens multissensoriais, pois de acordo com Tovar-Moll e Lent (2017, p. 56), "a palavra aprendizagem envolve um indivíduo com seu cérebro, capturando informação do ambiente, mantendo-a por algum tempo, e eventualmente recuperando-a e utilizando-a para orientar o comportamento subsequente". Em uma aula essa captação de informações do ambiente necessita acionar mais de um sentido. Quando o ensino consegue propiciar ao aluno experiências por meio da audição, da visão, do tato, além de exercitar mais sentidos do que quando está apenas ouvindo a explanação do professor, possibilita a criação de mais referências a serem usadas na construção conceitual. Ademais, se as percepções sensíveis forem acompanhadas de questionamentos, há maior probabilidade de raciocínio, pois as perguntas são potentes veículos para mobilizar os processos cognitivos e desencadear a articulação de relações necessárias à construção de argumentos que fundamentam a elaboração de conceitos.

Um ensino multissensorial propicia ao aluno sua participação nas discussões, nos jogos, nas investigações, no trabalho em grupo, na resolução de problemas e na socialização de respostas, o leva a refletir e estabelecer relações entre objetos, fenômenos, fatos e variáveis que não seriam percebidas sem sua participação mentalmente ativa no processo de ensino-aprendizagem.

4 Didática da Matemática e a mobilização de Processos Cognitivos

4.1 A Didática da Matemática

Aqui cabe-nos refletir sobre a importância e a contribuição da Didática no desenvolvimento da nossa tarefa de ensinar. Para Candau (2014, p. 14), "o objeto de estudo da didática é o processo de ensino-aprendizagem". E tal objeto só pode ser adequadamente compreendido se percebido a partir de sua multidimensionalidade, que envolve os aspectos humano, técnico e político-social (Candau, 2014). Consequentemente, quando priorizamos uma das dimensões, sem articulação com as outras duas, o processo de ensino pode perder em sua finalidade que é a aprendizagem, se tornar sem sentido e asséptico de significado.

A Didática em sua essência ocupa-se do ensino. Porém, em uma visão mais ampla e complexa de sua abrangência, Franco (2014) propõe que seja entendida como a teoria da formação. Isto porque:

> Como uma teoria da formação, a Didática estará em condições de reverter seu caráter aplicacionista com o qual historicamente conviveu e de oferecer subsídios para a formação dos sujeitos implicados na tarefa de ensinar/formar, fundando-se numa perspectiva crítico-reflexiva que trará possibilidades de reconstruir as condições de trabalho docente (Franco, 2014, p. 92).

Essa perspectiva de entender a Didática como uma teoria da formação de quem trata com o ensino amplia sua atuação para além de uma aprendizagem de estratégias tecnicistas e olha para a formação do professor como um processo que proporciona a aquisição de conhecimentos técnicos, porém, aliados a movimentos reflexivos que criam e fortalecem a autonomia e a criatividade necessárias à transformação de saberes pedagógicos, e não apenas vinculados à reprodução de técnicas desprovidas de reflexão.

Embora já seja possível detectarmos algumas mudanças nos rumos que a Didática vem assumindo, particularmente, nos cursos de formação de professores de matemática, ainda é perceptível uma preocupação preponderante na relação professor-saber, ou seja, uma preocupação com o conteúdo que o professor "adquire e domina", consequentemente, o saber pedagógico do professor, não raro, se restringe às técnicas que ele conhece e usa para ensinar, sem a devida atenção com um dos elementos que sustenta o tripé do processo ensino-aprendizagem: o aluno e o modo pelo qual ele aprende.

Não podemos esquecer que, de acordo com Shulman (1986), todo professor é professor de alguma disciplina e, nesse sentido, sua formação necessita atentar às especificidades que identificam o perfil do profissional que está a se formar. Pautando-se nas ideias de Shulman (1986), Fernandez (2015, p. 505) indica que "o professor deve ter domínio do conteúdo específico em três níveis: conhecimento do conteúdo em si, conhecimento curricular do conteúdo e conhecimento pedagógico do conteúdo". Assim, o professor de matemática deve ter domínio da matemática, o que inclui conhecer seus axiomas, teoremas, algoritmos e regras; conhecer a matemática curricular, ou seja, conhecer os componentes da matemática que constam nos documentos oficiais e propostas curriculares que a escola segue e ter conhecimento pedagógico da matemática, isto é, ter conhecimentos que lhes permitam ensinar matemática nos diferentes níveis de escolaridade nos quais esteja atuando, o que não é uma tarefa fácil e nos faz lembrar que, para ensinarmos matemática, é condição necessária sabermos matemática; mas, saber matemática não é uma condição suficiente para que o professor consiga ensinar matemática de modo eficiente. E é nesse contexto que a Didática ganha importância na formação do professor de matemática, pois no âmbito da especificidade da disciplina matemática, o professor tem que buscar estabelecer relações entre os três níveis de conhecimento: o objeto matemático, o conteúdo curricular e a Didática da Matemática para pensar, elaborar, selecionar e desenvolver suas estratégias de ensino.

4.2 Estratégias de Ensino de Matemática

De origem grega, a palavra estratégia está relacionada a um plano que inclui um conjunto de manobras para se alcançar determinado objetivo. Originalmente, esse objetivo estava relacionado a conquistas militares. No âmbito educacional, quando falamos em estratégias de ensino, estamos nos referindo a um conjunto de técnicas para favorecer a aprendizagem dos alunos. Particularmente, no contexto do ensino de matemática, as estratégias constituem o conjunto de técnicas constituídas por procedimentos específicos que os professores podem adotar para apresentar, explicar, revisar, avaliar e ensinar o conteúdo matemático.

De acordo com Libâneo (1994), podemos destacar que as estratégias de ensino estão diretamente relacionadas aos métodos de ensino, à metodologia adotada por cada professor para atingir os objetivos traçados para suas aulas. Esse autor destaca que há muitas classificações para as metodologias adotadas pelo professor, mas independentemente de classificações e denominações devemos lembrar, de acordo com Libâneo (1994, p. 160), que os métodos de ensino "[...] possuem sempre estreita relação com os métodos de aprendizagem" de modo que a forma como ensinamos influencia diretamente na aprendizagem do aluno. Certamente, o processo de aprendizagem decorre de aspectos externos e internos, ou seja, o conteúdo a ser ensinado e a metodologia utilizada conformam os fatores externos – aquilo que o professor tem gerência sobre. Já as condições mentais e físicas dos alunos são o que este autor chama de condições internas, condições específicas de cada indivíduo, e que, para serem acionadas, necessitam de estratégias pedagógicas fundamentadas em conhecimentos que transcendem os limites de uma área específica como a da matemática.

Não existe uma estratégia de ensino milagrosa que consiga garantir a aprendizagem de todos os alunos, do mesmo modo e ao mesmo tempo. No entanto, algumas têm mais potencial que outras para articular relações que propiciam a aprendizagem conseguindo mobilizar uma quantidade maior de processos cognitivos e motivar o aluno à aprendizagem, daí a importância da adequada seleção da estratégia e sua vinculação com os objetivos de aprendizagens elaborados, pois "[...] há que ter clareza sobre aonde se pretende chegar naquele momento com o processo de ensinagem. Por isso, os objetivos que o norteiam devem estar claros para os sujeitos envolvidos professores e alunos [...]" (Anastasiou; Alves, 2009, p. 70).

A didática nos ensina o modo como proceder para desenvolvermos nossas estratégias de ensino. A coerência didática nos faz pensar posturas, discursos, procedimentos, modos de avaliação, para desenvolvermos da melhor forma possível nossas aulas. Nessa perspectiva, é importante aliarmos aos ensinamentos da didática as evidências da Neurociência Cognitiva e estarmos atentos às questões socioemocionais que tanto interferem no processo de aprendizagem, ao elaborarmos e selecionarmos a estratégia de ensino adotada, pois não podemos esquecer que, em uma sala de aula, cada aluno tem um tempo, um ritmo e um interesse de aprendizagem. Ademais, não podemos fechar os olhos para as necessidades e expectativas da sociedade que exige cada vez mais indivíduos dinâmicos, proativos, colaborativos, mais conhecedores de recursos tecnológicos. Daí a importância de variarmos nossas estratégias para podermos concorrer com as distrações e aproveitar em benefício da aprendizagem do conteúdo matemático a pluralidade e a facilidade de informações que os alunos têm acesso diariamente.

Em pleno Século XXI, aliada às aulas expositivas, ainda há, de modo geral, maior preocupação com o cumprimento da lista de conteúdos que compõem o programa de matemática de um bimestre ou de um ano letivo do que com a compreensão que os alunos constroem desses conteúdos.

> Vencer o programa não é garantia de ensino ou de aprendizagem, nem de possibilitação do profissional necessário à realidade dinâmica e contraditória. *Assistir as aulas* como se assiste a um programa de TV e *dar aulas* como se faz numa palestra não é mais suficiente: estamos buscando modos de – em parceria – *fazer aulas* (Anastasiou; Alves, 2009, p. 70).

A escolha das estratégias não pode ser feita apenas do ponto de vista do conforto do professor. Não podemos fazer sempre o que nos é mais familiar, cômodo, ágil ou fácil, pois no ato educativo há sempre uma intersubjetividade, é sempre esperada uma interação entre professor e aluno, indivíduos com vivências e perspectivas diferentes sobre o mesmo objeto de conhecimento. É inegável a importância de, ao fazermos a escolha das estratégias de ensino, levarmos em consideração como o cérebro humano aprende e que determinadas estratégias têm mais potencial para mobilizar diferentes processos cognitivos, acionar funções conativas e executivas, consequentemente, levar à construção de conceitos que, é diferente de memorizar definições sem sentido e significado.

a) Aula Expositiva Dialogada

Uma aula expositiva está pautada na oralidade, na exposição e/ou explicação oral do conteúdo. Em se tratando das aulas de matemática, não é difícil perceber que a exposição oral é, em todos os níveis da escolarização, a estratégia didática mais utilizada. Cabe-nos refletir o porquê dessa predominância. Seria uma herança de nossa formação? Ou é a estratégia mais eficiente? O que leva professores e professoras a iniciarem suas aulas expondo oralmente, com ou sem auxílio de algum recurso como o livro didático ou *slides* de *PowerPoint*, a definição de algum objeto matemático?

Não estamos aqui, de forma alguma, criminalizando a exposição oral, mas refletindo sobre sua importância para o processo de ensino-aprendizagem, seu alcance e suas limitações na mobilização de processos cognitivos determinantes à aprendizagem.

A forma como o professor vai proceder para realizar a exposição oral, como estratégia de ensino, pode se diferenciar de acordo com a estrutura do ambiente no qual a aula é realizada. Se for um ambiente com muita interferência sonora (ar-condicionado, barulho de trânsito, música), requer que o professor aumente seu tom de voz e até lance mão de recursos tecnológicos como um microfone de lapela para ampliar o alcance de sua exposição.

No contexto do ensino de matemática, dificilmente um professor conseguirá desenvolver toda sua aula apenas usando a estratégia da exposição oral. Geralmente, a exposição oral é acompanhada do registro por escrito no quadro da sala de aula, que é copiado pelos alunos em seus cadernos. Esse procedimento pode ser assim descrito:

1 O professor fala o conteúdo que vai ser ensinado – Exposição oral

2 O professor escreve no quadro o título da aula – Registro no quadro

3 Os alunos copiam – Registro no caderno

4 O professor escreve no quadro a definição e os exemplos – Registro no quadro

5 O professor explica o que escreveu no quadro – Exposição oral

6 Os alunos copiam – Registro no caderno

Quando o desenvolvimento da estratégia de exposição oral ocorre pautado apenas nesses procedimentos, tem grandes chances de perder a concorrência para outras situações e elementos que circundam uma aula como os celulares, ruídos externos, pessoas passando pela porta ou janela da sala, conversas paralelas, e que têm a capacidade de atrair a atenção dos alunos. Por que isso acontece? Porque são novidades e as novidades quebram a previsibilidade do roteiro da aula a que estão habituados. Quando a aula de matemática é desenvolvida sempre de acordo com os procedimentos descritos anteriormente, se torna muito previsível, pobre em estímulos, contribuindo pouco para que nosso cérebro se mantenha ativo ao longo dos 50 ou 100 minutos de aula (Herculano-Houzel, 2010).

Certamente, a rotina e a repetição são importantes para a aprendizagem e estão diretamente relacionas com a memorização. Quem nunca aprendeu uma música, uma oração ou mantra de tanto repetir? No entanto, estamos chamando atenção para uma rotina de procedimentos, uma repetição de modo de agir para apresentar, a cada uma ou duas aulas, um conteúdo novo, aquela prática de ensino que prioriza o cumprimento do programa de matemática. Trata-se de um procedimento que já é conhecido pelos alunos, que não traz novidades, não exige engajamento ativo, não requer deles novas atitudes. Consequentemente, possui pouco potencial para causar modificações das conexões entre neurônios que são a base do aprendizado (Dehaene, 2022).

É importante termos consciência de que quando indicamos que a estratégia de ensino selecionada é a aula expositiva dialogada temos que criar as condições necessárias para o diálogo entre o professor e a turma, e para os alunos entre si. Nesse tipo de aula deve haver a participação ativa do aluno. Não se trata apenas de o professor expor o conteúdo com ou sem auxílio de algum recurso didático, é necessário que durante o processo de ensino a turma tenha voz e confiança para se expor. Isso porque:

> O clima de cordialidade, parceria, respeito e troca é essencial. O domínio do quadro teórico relacional pelo professor deve ser tal que "o fio da meada" possa ser interrompido com perguntas, observações, intervenções, sem que o professor perca o controle do processo. Com a participação contínua dos estudantes fica garantida a mobilização, e são criadas as condições para a construção e a elaboração da síntese do objeto de estudo (Anastasiou; Alves, 2009, p. 79-80).

Em uma aula expositiva dialogada, o professor deve ser habilidoso para instigar questionamentos, estabelecer discussões e orientar os alunos à interpretação, à criticidade, à atividade intelectual. O diálogo não é uma simples conversa. É uma conversa intencional, objetiva, que requer uma escuta respeitosa dos diferentes posicionamentos, das dúvidas, das certezas. No diálogo, até o silêncio fala.

Quando a aula é expositiva e dialogada, propicia a troca de experiências, desde que todos tenham consciência de que tudo o que é dito não é para ser julgado, mas para compor um conjunto de informações que, pouco a pouco, direcionado pelo professor, contribuirá para a construção e/ou correção conceitual pretendida. Numa aula dialogada, o professor deve encorajar todos a falarem, a exporem seus entendimentos e interpretações, e reconhecerem que na discussão estabelecida não haverá ganhadores ou perdedores, mas uma aprendizagem coletiva (Costa, 2021).

Em uma aula expositiva dialogada, não é apenas o professor que pode expor. Aliás, a exposição é uma ação a ser efetivada por todos. Todos podem expor suas certezas, incertezas, dificuldades, pois assim o professor pode conhecer a direção que a interpretação dos alunos está seguindo, ajustar rotas, propor novas atividades, redirecionar, se necessário, o processo de ensino. Nesse tipo de aula, o não aluno desempenha apenas a função de um ouvinte copiador. Ao contrário, se bem planejada, pode mobilizar diferentes processos cognitivos como a atenção, a percepção, a memória, a linguagem e o raciocínio.

Para desenvolver uma aula expositiva dialogada, podemos usar e "abusar" dos questionamentos, pois eles podem ajudar o aluno a estabelecer relações, elaborar argumentos, justificativas e desenvolver a comunicação, mas incentivemos também a escuta e a reflexão, ações basilares do diálogo.

Devemos evitar iniciar uma aula expositiva dialogada com a apresentação da definição do conteúdo que você pretende ensinar. Podemos dar preferência para situações que contextualizem o conteúdo, para questões em vez de respostas. Imagine que você queira iniciar o trabalho com função exponencial, para tanto você pode usar um vídeo curto ou um pequeno documentário sobre o crescimento de bactérias ou sobre a pandemia de COVID-19, assunto que faz parte e marcou a vida de todos que vivemos no período mais crítico dessa pandemia, 2020 a 2021, e que certamente entrou para a história do Século XXI. A partir do vídeo, podemos fazer perguntas sobre formas de contágio, prevenção, sobre a velocidade de crescimento de infectados, sobre a representação matemática deste crescimento, entre outros questionamentos possíveis. Podemos pedir para os alunos fazerem comparações de períodos pequenos em que houve crescimento acentuado tentando representá-los graficamente. Peça para justificarem suas representações.

Agindo desse modo, temos a possibilidade de despertar a curiosidade e o engajamento do aluno, além de instigar o desenvolvimento da argumentação e da comunicação, habilidades que estão aquém quando observamos o desempenho dos alunos em tarefas matemáticas.

De modo geral, uma aula expositiva dialogada, em todos os níveis de escolarização, começa com uma situação selecionada pelo professor com potencial para desencadear o diálogo que conduzirá o aluno a fazer observações, comparações, deduções, ações e fundamentações para a construção conceitual.

Tomemos como exemplo uma aula de função polinomial do 1º grau. Se optamos por iniciar o assunto por meio de uma aula expositiva dialogada, não devemos iniciar escrevendo no quadro: $f(x) = ax + b$ e explicar o que representa cada termo; podemos preparar uma sequência de questionamentos sobre determinada relação que envolva duas grandezas onde uma depende da outra, ou trazer um vídeo sobre questões de consumo, preços, crescimentos, entre tantas outras possibilidades, e a partir da discussão estabelecida é possível orientarmos os alunos à percepção da relação matemática existente entre as duas variáveis envolvidas na situação para, consequentemente, chegar à representação matemática pertinente.

Desse modo, podemos incentivar o aluno a observar, pensar sobre aquilo que está observando e orientá-lo nas deduções que realiza, diferenciando-se de um processo em que o aluno observa e copia em seu caderno sem discussão, sem reflexão, muitas, sem entendimento.

b) Trabalho em Grupo

No contexto do ensino de matemática, o trabalho em grupo é, provavelmente, a estratégia didática menos utilizada. É raro encontrarmos algum professor que assuma usar, com frequência, o trabalho em grupo como na sua dinâmica diária de ensino de matemática, o mais comum é que o trabalho em grupo seja utilizado como meio de avaliação.

O Trabalho em grupo exige mais do professor, desde o planejamento até a execução, do que uma aula expositiva. No entanto, essa estratégia é uma das que mais tem possibilidades de mobilizar processos cognitivos diferentes. Para tanto, é necessário entendermos que o trabalho em grupo requer a colaboração, o comprometimento e a responsabilidade de todos os seus componentes.

Quando bem planejado e realizado adequadamente pode ser considerado uma metodologia ativa, pois os alunos assumem funções dentro do grupo que os retiram da zona de conforto de apenas ouvintes em uma sala de aula e os colocam na posição de responsáveis frente ao processo de aprendizagem que se instaura.

Na perspectiva da mobilização de processos cognitivos, o trabalho em grupo propicia o desenvolvimento da atenção, da memória, da criatividade, além de se constituir um potente espaço para trabalharmos os processos conativos e executivos que, junto com os cognitivos, constituem a tríade da aprendizagem humana.

O trabalho em grupo, no contexto do ensino de matemática, deve ser realizado em sala de aula sob a orientação e supervisão do professor. Pois assim, poderemos observar e perceber os comportamentos manifestados que poderão ser indicativos de dúvidas sobre o conteúdo tratado ou necessidade de trabalharmos aspectos dos processos conativos como, por exemplo, o controle das emoções. Também é importante atentarmos para o tamanho do grupo. Sempre que possível, não devemos permitir que o grupo exceda quatro membros para que todos tenham a oportunidade de participar ativamente.

É importante que cada grupo eleja um coordenador/representante que terá a tarefa de gerenciar o trabalho, o tempo e a participação de todos os membros. Mas, tal qual os demais participantes do grupo, ele também é responsável pelo resultado da atividade executada, e que fique claro que o representante não é o chefe e nem o dono do grupo. Nenhum aluno deve exercer uma função fixa de representante, ou seja, essa função deve variar entre os membros do grupo a cada nova tarefa proposta. O representante deve participar, também, da atividade que envolve a tarefa matemática e não apenas indicar quem irá resolvê-la. Todos os membros do grupo devem participar da tarefa matemática e, pelo menos, tentar entendê-la como um todo e não em partes desarticuladas. A questão do representante do grupo, sua função, responsabilidades e limites, é uma oportunidade para trabalharmos com a turma aspectos conativos e executivos da aprendizagem.

Trabalhar em grupo não é uma característica inata do ser humano. É uma habilidade que aprendemos, e a aprimoramos na vida em sociedade. De igual modo, nas aulas de matemática, devemos ensinar nossos alunos a trabalharem em grupo, a entenderem como se comportar nesse tipo de atividade. Como qualquer procedimento de ensino, possui objetivos e características específicas. As duas principais características do trabalho em grupo é a interação e a colaboração entre os alunos com o objetivo de compartilhar conhecimentos sobre determinado conteúdo ou resolver um dado problema.

É comum, nas aulas de matemática, em todos os níveis de escolarização, que aquele aluno que mais se destaca não queira ou não goste de trabalhar com aqueles que apresentam mais dificuldade. Isso é um fator a ser discutido e tratado em sala de aula com a turma. É necessário esclarecer para todos que, quando explicamos um assunto para outra pessoa, estamos fortalecendo nossa aprendizagem. Não se trata de fazer a atividade pelo colega, mas explicar como se faz. Mostrar o caminho, não caminhar por ele. Aquele aluno que mais se destaca tem papel importante dentro do grupo, pois pode exercer a função de coordenador e avaliador das atividades realizadas. Mas aquele que tem dificuldades também é importante no grupo, porque são as dúvidas que poderão gerar discussões e interações dentro do grupo. Não é fácil gerenciar grupos heterogêneos dentro da sala de aula, porém, quando conseguimos, os resultados são positivos para toda a turma.

Ao planejar o trabalho em grupo, escolha questões possíveis de serem feitas em sala de aula, no tempo que se dispõe para uma aula normal, geralmente, em torno de 50 minutos. Não elabore uma lista grande de questões – duas ou três questões são suficientes; não escolha questões muito difíceis; se certifique que as questões estão diretamente relacionadas com o assunto tratado ou já explicado e estudado em aula, a menos que sejam questões de pesquisa para se iniciar um conteúdo ou que esteja usando a metodologia de resolução de problemas e queira instigar o espírito investigativo dos grupos. Garanta que todos os grupos dispõem das mesmas condições e de materiais adequados para o trabalho.

Certamente há ambientes escolares que oferecem melhores condições para o trabalho em grupo. Pois, para esse tipo de trabalho, é necessário que os todos membros do grupo possam ver o que os outros estão fazendo, que disponham de espaço para interagirem entre si, para discutirem as questões ou etapas da atividade, para que possam se olhar frente a frente e compartilhar com os demais, opiniões, materiais, sugestões e dúvidas. Nesse contexto, turmas superlotadas, salas pequenas, mal arejadas e pouco iluminadas dificultam a movimentação dos alunos e do professor, consequentemente, a disposição das cadeiras para a organização dos grupos. Em cenários sem as condições ideais, a sugestão é o professor tentar formar os grupos mudando os alunos de lugar, movimentando minimamente as cadeiras ou mesas da sala, e propor atividades pequenas que possam ser realizadas/resolvidas em um período curto.

A dinâmica do grupo pode ser fortalecida no compartilhamento das soluções, momento em que somente os membros dos grupos que estão socializando ou explicando seus resultados à turma podem se movimentar na sala e usar o quadro ou outro meio para expor suas ideias e induzir discussões mediadas pelo professor.

O trabalho em grupo exige do professor um planejamento cuidadoso, mais tempo para concluir o processo de ensino de determinado conteúdo, mobilidade pela sala para poder observar como cada grupo está trabalhando e proceder às devidas orientações. Do aluno, requer atenção, concentração, negociação, instiga a criatividade, a negociação e a comunicação implicando no desenvolvimento da linguagem, da criticidade, da percepção e avaliação.

Trabalhar em grupo é muto mais do que juntar alunos vistas a um objetivo comum: resolver uma situação-problema ou uma lista de exercícios. É um espaço-tempo de aprendizagem de papéis ou funções, do ouvir e do falar respeitosamente. "Um elemento auxiliar é, reiteramos, a reflexão de que a sala de aula é o lugar onde o erro não fere, pois é o espaço no qual as aprendizagens podem ser sistematizadas, sob a mediação do professor e dos colegas" (Anastasiou; Alves, 2009, p. 78).

O trabalho em grupo não é a estratégia mais fácil de ser adotada em uma aula de matemática, geralmente é visto mais como um desafio, pois cria e exige do professor o gerenciamento de situações de contradição, de imprevisibilidade, de desordem, mas também de construção de autonomia, de desenvolvimento e de aprendizagens para além de conteúdos específicos de uma disciplina. Por tudo o que possibilita e exige, é uma estratégia de ensino com grande potencial para romper com as formas tradicionais de se ensinar matemática.

c) A manipulação de materiais didáticos

Os materiais didáticos estão diretamente vinculados à prática matemática e ao desenvolvimento do pensamento matemático em seus diferentes campos: aritmético, geométrico e algébrico. Quando falamos em manipulação de materiais didáticos, estamos dando preferência a materiais concretos que são, principalmente, nos anos iniciais da escolarização, fundamentais à construção e ao desenvolvimento de ideias matemáticas.

É importante lembrarmos que são variados os materiais didáticos que podem ser usados em uma aula de matemática, o que inclui desde as sucatas até os recursos tecnológicos como os aplicativos de celular. Os materiais didáticos concretos podem ser estruturados ou não-estruturados. Os primeiros são aqueles que foram criados com a finalidade educativa e auxiliam na materialização de ideias matemáticas. Os não-estruturados são todos os materiais que não foram criados com uma finalidade educativa, mas que o professor pode utilizar para representar ideias e formas matemáticas, tais como sementes, palitos de picolé, garrafas pet, tampinhas, canudinhos, sobras de papéis, embalagens, bons para serem usados no desenvolvimento da percepção numérica, agrupamentos, seriação e até para a introdução da ideia de conjuntos (Cavalcanti, 2007).

Para a Educação Básica, particularmente, para o Ensino Fundamental, há uma variedade de materiais concretos estruturados que podem ser usados, principalmente para o ensino de conteúdos do campo da Geometria e da Aritmética. Dentre eles, destacam-se o geoplano, o material dourado, os sólidos geométricos e outros que podem ser confeccionados em sala de aula, como o tangram e o os ossos de Napier. Tais materiais cumprem sua função didática porque possibilitam a percepção de características e até de processos inerentes à construção conceitual de diferentes conteúdos matemáticos.

O geoplano é um material que pode ser adquirido em lojas de materiais escolares ou confeccionado pelo professor. Trata-se de uma base quadrada na qual estão dispostos, de forma equidistante, pinos ou pregos que servirão de suporte para a inserção de elásticos ou cadarços com a finalidade de delimitar formas geométricas ou etapas de uma multiplicação, por exemplo. Esse material propicia uma percepção visual de características matemáticas das formas geométricas como os tipos de ângulos, quantidade de vértices, semelhança entre formas, lados e áreas congruentes.

O uso do geoplano propicia a realização de uma aula na perspectiva das metodologias ativas porque permite e requer a participação ativa do aluno. Uma participação é ativa, não apenas porque o aluno estará se movimento no uso do material, mas porque demanda um trabalho intelectual que envolve, principalmente, observação e comparação para poder fazer as deduções inerentes à manipulação concreta realizada. Não é a simples inserção de um elástico ou a disposição de pinos que resultará na aprendizagem matemática, mas o trabalho intelectual que decorre dos questionamentos que o professor pode fazer durante a ação concreta.

Embora a principal função do geoplano seja o trabalho com conteúdos geométricos, pode ser usado também para a visualização de processos aritméticos, como o desenvolvimento de multiplicação, divisão e potências.

Figura 9 – Geoplano.

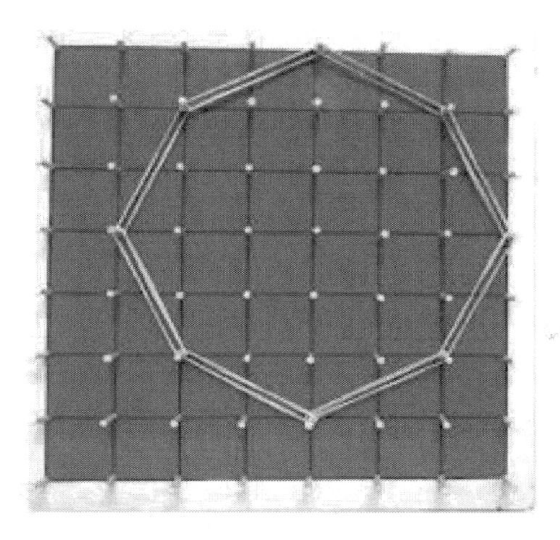

Fonte: mat.unb.br

A manipulação do geoplano faz uma aula de matemática, em todo o Ensino Fundamental, que envolva cálculo de área de figuras diversas sair da unidimensionalidade, onde se prioriza a aplicação de "fórmulas memorizadas", tornando-a multidimensional, mais complexa no sentido de propiciar a mobilização de outros processos cognitivos além do processo da memória. Aciona a atenção e permite a realização de observações que contribuem para a percepção de características que permitem, por exemplo, o entendimento da relação entre a área de triângulos e áreas de quadriláteros; permite a visualização física da condição de existência de um triângulo, amplia as possibilidades de questionamentos, o que instiga o raciocínio e contribui para a ampliação da comunicação em sala de aula implicando no desenvolvimento da linguagem.

A multidimensionalidade que o uso de um material concreto propicia em uma aula de matemática decorre das diferentes possibilidades que se agrega ao fazer matemática em sala de aula, ou seja, não se restringe o processo de ensino-aprendizagem apenas ao modo, chamado "tradicional", da correta execução de algoritmos baseada na replicação de uma definição explicada pelo professor no quadro da sala de aula. De acordo com Boaler (2018, p. 106), "em uma aula de matemática multidimensional, os professores pensam em *todas* as formas de ser matemático. [...] Na instrução complexa, os professores valorizam muitas dimensões da matemática e avaliam os estudantes em relação a elas".

Em uma aula unidimensional, a atenção e o processo cognitivo que mais é requerido, mas que é sustentado por pouco tempo. Estudos como os de Boaler (2018), Bransford, Brown e Cocking (2007) nos permitem alertar para o fato de que, em aulas de matemática unidimensionais, prestar muita atenção não garante a aprendizagem, pois este é "um ato de aprendizagem passiva associado a baixo rendimento" (Boaler, 2018, p. 106).

Um material didático concreto traz em si o poder da visualização das características do mundo tridimensional (altura, largura e comprimento), muito importante para o desenvolvimento da percepção de profundidade que influencia na habilidade de avaliação de distâncias e de localização no espaço (Pasquali, 2019). Permite a exploração física de características que contribuem para o entendimento de uma definição matemática, estimula o engajamento do aluno na tarefa, pois, quase sempre o material é mais atrativo que o quadro da sala de aula e permite o estabelecimento de relações e deduções a partir da percepção visual.

A manipulação de materiais didáticos concretos aciona mais processos cognitivos e executivos do que apenas a explanação teórica do professor. No entanto, essa manipulação não pode ser aleatória, o material é didático e não alegórico, ou seja, deve ser inserido na aula com um objetivo pedagógico claro e coerente com o conteúdo que será tratado na aula.

Certamente podemos ensinar e aprender sem os materiais didáticos. Mas, este não seria o melhor caminho, principalmente nos anos iniciais do Ensino Fundamental, etapa da escolarização em que os alunos ainda carecem de imagens mentais para dar sentido aos conteúdos. É possível que uma aula sem a mediação de materiais didáticos desencadeie uma aprendizagem passiva, unidimensional, em que a prática de memorizar aquilo que o professor escreveu ou falou é supervalorizada em detrimento da reflexão que pode desencadear a compreensão do processo.

Quando indicamos como profícuo o uso de materiais didáticos, principalmente os concretos, o fazemos porque temos ciência de que eles propiciam uma aprendizagem ativa, aquela que, segundo Moran (2018, p. 03), "aumenta a nossa flexibilidade cognitiva, que é a capacidade de alternar e realizar diferentes tarefas, operações mentais ou objetivos e de adaptar-nos a situações inesperadas, superando modelos mentais rígidos e automatismos pouco eficientes".

Os recursos didáticos tecnológicos, aqui considerados aqueles que compõem um conjunto formado por aplicativos (*app*) para celulares, calculadoras, *softwares*, projetores multimídias, computadores, sites, possuem a capacidade de aumentar nossa capacidade cognitiva e possibilitam o acionamento de diferenciados processos cognitivos e executivos em uma mesma aula. Há muitos aplicativos que possibilitam o trabalho com a modelação matemática a partir de modelos já validados como ocorre com o *software* Geogebra, que permite a construção e a visualização de gráficos de funções em diferentes intervalos, bastando para isso inserir os valores desejados.

Embora os recursos tecnológicos sejam cada vez mais dinâmicos e atrativos, é importante lembrar que não é apenas a inserção e o uso de um recurso tecnológico na aula de matemática que garantirá a construção conceitual que se pretende. O desenvolvimento da mentalidade matemática está atrelado ao desenvolvimento do raciocínio, à reflexão, ao pensar sobre, ao estabelecimento de relações entre dados e/ou fatos, e isso não se consegue com memorização de algoritmos ou apenas inserindo informações em um app qualquer, é necessário que a ação docente realize perguntas coerentes, previamente elaboradas, com a finalidade de acionar a percepção do aluno para aquilo que se pretende que ele aprenda.

O uso de materiais concretos aumenta a complexidade de uma aula de matemática, não no sentido de dificuldade, mas de ampliar as perspectivas pelas quais o aluno pode perceber o conteúdo matemático. "A matemática é uma disciplina ampla e multidimensional. Na instrução complexa, os professores valorizam muitas dimensões da matemática e avaliam os estudantes em relação a elas" (Boaler, 2018, p. 106). O que significa que há uma preocupação em contemplar diferentes maneiras de se trabalhar a e com a matemática.

Existem variados materiais concretos que podem ser adquiridos em lojas de materiais didáticos e até de brinquedos, ou confeccionados com baixo custo, como é o caso da escala de Cuisenaire. Este material consiste em um conjunto de 10 barras de madeira em formato de prismas quadrangulares (colunas de base quadrada), cujas alturas são múltiplas da altura do cubo (unidade). Ordenadas, as barras de cores diferentes representam os números de 1 a 10.

Figura 10 – Escala de Cuisenaire.

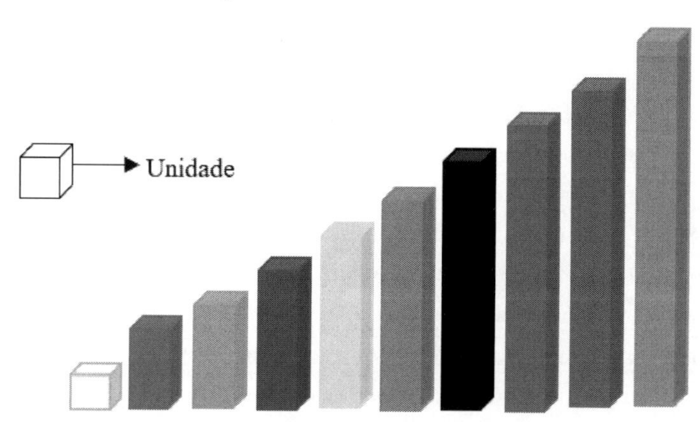

A escala de Cuisenaire foi criada pelo professor belga Èmile Georges Cuisenaire Hottelet (1891-1980) para tentar auxiliar seus alunos na compreensão de conceitos básicos de matemática. A manipulação desse material permite o trabalho com aritmética por meio da comparação e composição de formas usando as barras, auxilia no desenvolvimento do pensamento algébrico e a percepção de relações geométricas como o volume de cubos e paralelepípedos.

Em uma atividade do tipo: de quantas maneiras podemos organizar o valor representado pela barra laranja usando peças de mesma cor? O aluno é levado a observar, comparar, estimar, testar e deduzir que 10 pode ser composto e decomposto de maneiras diferentes.

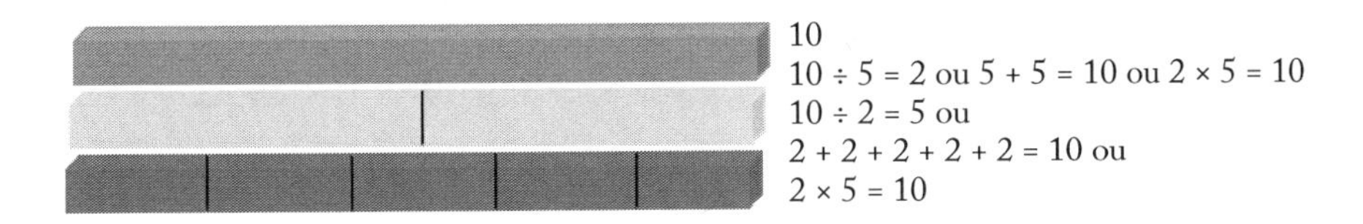

Ao comparar peças sobrepostas, pode visualizar relações que podem dar sentido e contribuir para a construção de conceitos decorrentes de operações multiplicativas ou aditivas. Mas, não basta distribuir aleatoriamente o material e esperar que o aluno por si só estabeleça as relações esperadas. É possível até que alguns consigam. Porém, o que fará com que o aluno direcione seu olhar, estabeleça relações e realize reflexões sobre aquilo que está observando, é o conjunto de questionamentos que o professor deve realizar de modo a despertar a adequada mobilização do pensamento matemático.

d) Elaboração Conjunta e Painel de Soluções

A elaboração conjunta é uma estratégia de ensino que viabiliza uma "[...] interação ativa entre o professor e os alunos visando habilidades, atitudes e convicções, como a fixação e consolidação de conhecimentos e convicções já adquiridos" (Libâneo, 1994, p. 167). As reflexões que fazemos sobre a elaboração conjunta decorrem de uma experiência pessoal construída com uma turma de 3º ano do Ensino Médio, na qual fomos professoras de matemática.

A elaboração conjunta é um trabalho coletivo e deve ser incentivado a ser colaborativo, em que cada um tem um papel importante, pois sua opinião, percepção e até dúvida pode contribuir para a aprendizagem de todos. A elaboração conjunta é muito mais que um jogo de perguntas e respostas entre o professor e a turma. É uma atividade que instiga a reflexão, o estabelecimento de relações e a recuperação e informações na memória. Pode ser realizada em todos os níveis de escolaridade e assumir diferentes formas. Por exemplo, por meio da produção de textos direcionados (Costa, 2020).

A produção textual é uma atividade que permite ao aluno expressar sua compreensão daquilo que está sendo tratado. Para tanto, listamos no quadro da sala, com a ajuda dos alunos, uma quantidade de palavras relacionadas ao conteúdo trabalhado, seguindo três etapas fundamentais:

1ª) pedimos à turma que fale cinco palavras relacionadas ao conteúdo trabalhado e as escrevemos, no quadro da sala, obedecendo a sequência em que foram enunciadas (a quantidade de palavras fica a critério do professor, de acordo com o contexto no qual o trabalho é realizado). Nessa etapa, cada aluno só pode falar uma palavra;

2ª) distribuímos uma folha para cada aluno e solicitamos que escrevam um texto, sem identificação, contendo todas as palavras listadas no quadro sobre o conteúdo estudado, inserindo pelo menos um exemplo do que foi tratado no texto por ele elaborado;

3ª) socialização dos resultados em um painel de solução.

Essa atividade origina muitas informações sobre a compreensão dos alunos, tanto na hora da participação coletiva – enunciação das palavras –, quanto na produção individual do texto. Durante a listagem das palavras podemos questionar o porquê da palavra escolhida, isso exige que o aluno pense e explique o significado da palavra no âmbito do conteúdo aprendido. Por meio de questionamentos podemos envolver toda a turma na avaliação da pertinência da palavra ao contexto estabelecido. Por exemplo, se o conteúdo tratado for função polinomial do 2° grau, e a primeira palavra ditada for quadrática, podemos perguntar da turma por que o aluno x teria escolhido essa palavra e, após ouvir as respostas, questionar o aluno x se ele concorda com o que a turma falou e por quê.

A discussão coletiva durante a enunciação das palavras para a produção dos textos é importante porque permite ao professor (re)direcionar a aprendizagem do aluno no momento da manifestação de alguma incoerência na justificativa da escolha da palavra, pois isso pode demonstrar uma compreensão incorreta do objeto matemático.

Essa atividade pode ser realizada na última aula da semana e retomada na primeira aula da semana seguinte. Nessa retomada podemos selecionar alguns textos para serem lidos na sala. É bom darmos preferência aos textos que apresentam falhas, equívocos de definição, erros de exemplificação, de aplicação. Estes, poderemos lê-los em voz alta, sem identificarmos os autores, e pedir que a turma indique se há incorreções no texto; se houver, as anotaremos no quadro e discutiremos com a turma a correção necessária. Também podemos questionar: alguém reconhece se cometeu esse erro? Alguém percebeu, após entregar o texto, se cometeu algum erro, qual? No final dessa etapa distribuímos os textos e pedimos que os alunos leiam os textos uns dos outros, para identificar se falta alguma informação ou característica importante. Findadas as etapas anteriores, passamos à socialização da produção coletiva por meio da exposição dos textos, construídos em um painel onde ficarão visíveis para todos durante uma ou duas aulas.

O painel de soluções é uma atividade que pode realizada na elaboração conjunta ou em atividades individuais em que haja a possibilidade de resoluções diferentes como ocorre na resolução de problemas. Um bom recurso para a composição dos painéis é o papel diamante. Esse papel consiste na divisão de uma folha de papel em quadrantes nos quais os alunos poderão expor resoluções e/ou representações diferentes de uma mesma situação matemática. Esse material foi desenvolvido por Cathy Williams, cofundadora e diretora do *Youcubed*[1].

Se o assunto tratado for, por exemplo, números racionais no 6º ano do Ensino Fundamental, é importante que o aluno tenha acesso às diferentes formas de como esse tipo de número pode ser representado e, posteriormente, podemos usar o papel diamante para solicitar que façam representações diferentes de um determinado número racional ou da resolução de uma situação-problema que envolva números racionais. Por exemplo, pedir para representar o número $\frac{2}{3}$ ou resolver algum problema que envolva a operação $1+\frac{1}{4}$. Esse recurso pode ser usado em diferentes atividades e o professor pode adequar os quadrantes para o tipo de representação ou resolução que deseja exercitar.

1 Informação disponível em: https://mentalidadesmatematicas.org.br/papel-diamante-conheca-o-recurso-que-ajuda-os-alunos-a-aprenderem-matematica-de-forma-visual/

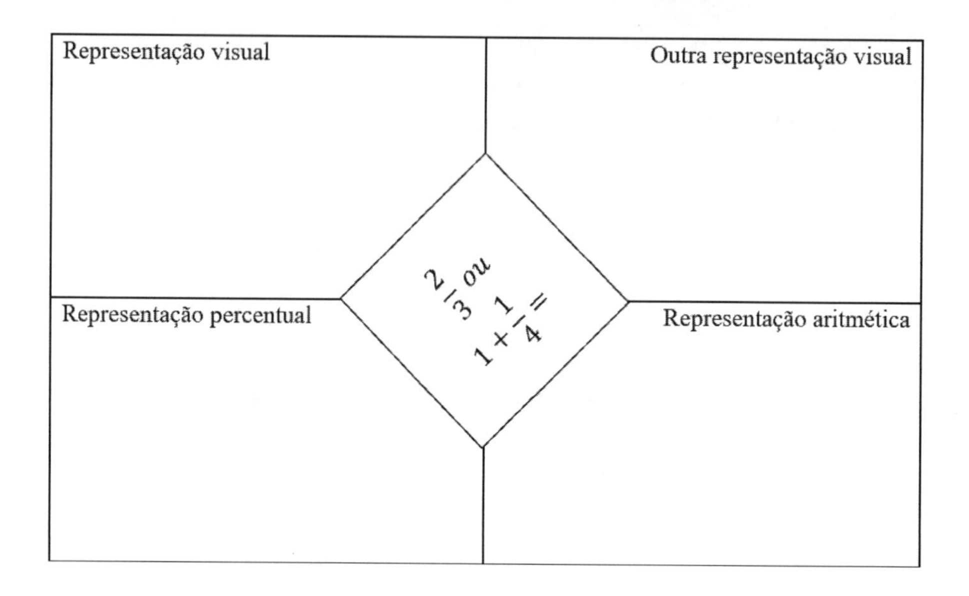

No final de uma atividade com o papel diamante podemos organizar um painel onde todos poderão expor suas representações ou resoluções, comparar com as demais e discutir com seus pares os diferentes caminhos que cada um seguiu para cumprir a tarefa. Uma atividade desse tipo pode ser considerada parte de uma metodologia ativa de ensino-aprendizagem, pois incentiva o engajamento ativo do aluno, mesmo que ele desenvolva a tarefa sozinho na sua cadeira. Isso porque, quando falamos em metodologia ativa estamos nos referindo a atividade intelectual que pode ser aliada à atividade física, mas o importante é propiciar ao aluno situações em que ele estabeleça relações, reflita, elabore hipóteses, deduza, construa, experimente, o que, certamente, lhe fará mobilizar diferentes processos de aprendizagem.

A aprendizagem que pode decorrer dessa atividade individual, embora entendida como potencialmente ativa, em que se espera engajamento do aluno, não exime o professor do seu papel de orientador no caminho para a aprendizagem, pois ele poderá perceber as dúvidas, as dificuldades manifestadas pelos alunos e, por meio de questionamentos, direcioná-los na busca de informações, observações e estabelecimento de relações necessárias ao cumprimento da atividade, de modo que a resolução alcançada seja uma construção mais aberta e criativa. Esse recurso pode ser usado em diferentes atividades e o professor pode adequar os quadrantes para o tipo de representação ou resolução que deseja que os alunos trabalhem.

e) Atividades Especiais

As atividades especiais, de acordo com Libâneo (1994, p. 171), "[...] vêm para complementar os métodos de ensino, com tarefas e trabalhos realizados de forma lúdica e disruptiva", que fogem da rotina da aula. Ou seja, ajudam a trazer leveza à aula, mobilizam a atenção, instigam a criatividade, a percepção, e fortalecem a identificação de padrões. Utilizar as atividades especiais se constitui em uma estratégia de ensino que não busca a identificação de uma resposta certa ou errada, que tem potencial para mobilizar a atenção, a percepção, a memória e a linguagem ao requerer a identificação de características, o estabelecimento de relações, a elaboração de argumentos de forma individual ou coletiva.

As dobraduras de papel e as questões do tipo "o que não pertence e por que", são bons exemplos de atividades especiais, também denominadas de atividades de matemática aberta, que podem ser desenvolvidas em toda a Educação Básica. Observe, por exemplo, os números no quadro a seguir e indique qual não pertence a esse conjunto de números e por quê.

81	62
25	121

Nesse tipo de atividade não temos uma resposta certa e nem uma resposta errada, mas a oportunidade de instigar o raciocínio do aluno, pois qualquer resposta pode estar certa se ele conseguir elaborar argumentos coerentes e comunicar de forma convincente. Para tanto, terá que observar características comuns e estabelecer relações entre os números observados.

Por exemplo, um aluno poderia escolher o número **121** e justificar sua resposta pelo fato de ser o único número do conjunto formado por três algarismos ou por três cores diferentes, ou porque é o único que possui centena, ou porque possui algarismos repetidos, ou ainda porque é único em que um de seus algarismos é formado pela soma dos outros que o compõem. Observe que há possibilidade para justificativas diferentes e, com exceção da justificativa das cores, todas estarão pautadas no senso numérico ou em algum argumento matemático. As possíveis respostas dadas pelos alunos podem ser justificadas por um ou mais argumentos, quanto mais argumentos o aluno conseguir expressar, maior o estabelecimento de relações construídas; consequentemente, maior é a mobilização de processos cognitivos como a atenção, a percepção e a memória.

Caso o aluno escolha o **62**, ele poderá justificar pelo fato de ser o único número par, ou por ser o único que está em um quadrado colorido, ou por ser o único que não é um quadrado perfeito, pois, ao contrário dos demais, é o único que não possui raiz quadrada exata ou ainda porque é o único formado por números pares. De modo que, o importante é estarmos atentos para os argumentos apresentados e avaliarmos sua coerência à situação apresentada.

Esse tipo de atividade pode ser proposto em todos os níveis da escolarização, basta adequarmos os elementos que compõem o conjunto. É importante lembrarmos que, embora esse tipo de atividade não tenha a intenção direta de ensinar um conteúdo específico, mas de quebrar a rotina das aulas, devemos sempre verificar quais conteúdos matemáticos podem ser abordados com a atividade. Nesse caso específico, a depender do número escolhido pelo aluno, implicitamente, atrelados à elaboração de argumentos para justificar a resposta, variados conteúdos podem ser tratados como números pares, ímpares e quadrados perfeitos.

As atividades especiais têm sempre um caráter lúdico aliado ao pensamento lógico-matemático que é construído a partir do estabelecimento de relações e é essencialmente dedutivo. Essas atividades podem ser entendidas como parte de uma metodologia ativa, tanto de ensino como de aprendizagem, pois o professor as escolhe propositalmente para, em um plano inicial, descontrair o ambiente da sala de aula, mas também com foco nas ideias matemáticas que pretende mobilizar e, consequentemente, propiciar que seu aluno aprenda.

Não há uma regra para a elaboração das atividades especiais e nem quais recursos são os apropriados. A intensão é descontrair e incentivar a criatividade de nossos alunos, afastando-os daquela dinâmica monótona e reprodutiva do que está no livro ou no quadro da sala de aula. Para tanto, podemos usar imagens, vídeos, filmes curtos, fotografias, quiz, jogos de adivinhações etc. Independentemente do recurso usado, indispensáveis são os questionamentos que fazemos e os que surgem durante a atividade, pois são eles que instigam a observação e as reflexões dos alunos.

f) Listas de Exercícios

As listas de exercícios ainda são a estratégia mais utilizada no contexto do ensino da matemática e ganha especial destaque no Ensino Superior. Na Educação Básica as listas são menores, mas possuem a mesma característica daquelas usadas nas graduações da área de matemática: a aplicação de uma equação, de um axioma, de um algoritmo ou de uma lei apresentada anteriormente. Esse tipo de estratégia traz em si o peso da repetição sem muita preocupação com a reflexão ou com a construção conceitual.

Certamente a repetição é um componente da aprendizagem. Repetir ajuda no processo de memorização, pois de acordo com Kandel (2014), aprender é construir memória de longa duração! Mas quando se repete algo sem compreensão, tende-se a um exercício mecânico, sem sentido, sem significado, consequentemente vinculado a uma memorização de curta duração, aquela que, quando findada a ação, em pouco tempo esquecida será.

Não estamos dizendo para se eliminar as listas de exercícios do ambiente de ensino de matemática, mas torná-las mais produtivas. Hoje não faz mais sentido que o professor explique tudo em uma aula, apresente alguns exemplos e passe uma lista de dezenas de questões, basicamente de repetição, do que foi apresentado nos exemplos. Esse tipo de estratégia de ensino não instiga o aluno a refletir, a pesquisar, a estabelecer relações... o comum, não raro, vemos os alunos copiando uns dos outros as respostas das listas quando estas têm que ser entregues "valendo pontos". Ademais, é fácil encontrar, em variados canais da rede, muitas respostas para as tradicionais questões que configuram tais listas.

As listas de exercícios precisam ser repensadas e adequadas ao contexto sociocultural contemporâneo em que a escola está inserida, precisa despertar a curiosidade do aluno, pois "a curiosidade, o que é diferente e se destaca no entorno, desperta a emoção. E, com a emoção, se abrem janelas da atenção, foco necessário para a construção do conhecimento" (Mora, 2013, p. 66). Temos que entender que, em relação à aprendizagem, não é a quantidade que define o resultado, mas a qualidade do ensino, incluindo o modo como o conteúdo é apresentado à turma.

Na apresentação do conteúdo, as relações que são estabelecidas nesse momento, os questionamentos que o professor e, principalmente os alunos fazem, a contextualização e a prática naquele momento, podem surtir mais efeitos na aprendizagem do que uma lista de 200 questões. Pois, concordando com Moran (2018, p. 03), entendemos que são necessários "[...] espaços de prática frequentes (aprender fazendo) e de ambientes ricos em oportunidades. Por isso é importante o estímulo multissensorial e a valorização dos conhecimentos prévios dos estudantes para 'ancorar' os novos conhecimentos". O que, geralmente, não é proporcionado e nem alcançado pelas tradicionais listas que se tornam, quase sempre, exercícios mecânicos, sem reflexão e sem potencial para criar memórias de longo prazo.

As reflexões que fazemos acerca das listas não se fundam em modismos metodológicos ou discursos sobre inovação pedagógica. Mas, em explicações da Neurociência Cognitiva que vem demonstrando que aprender também depende da natureza e da qualidade da informação recebida, de modo que, quanto mais processos cognitivos, o ato de ensinar e conseguir mobilizar, maiores serão as chances de ajudarmos nosso aluno a perceber coisas que antes não percebia, a estabelecer relações que antes não conseguia, a realizar interconexões com processos conativos e executivos que lhe ajudarão a aprender entendendo a significação de uma operação, o que, provavelmente, terá implicações positivas na hora da evocação das informações armazenadas.

5 Campos de experiências e cognição matemática na Educação Infantil[2]

A Educação Infantil é um segmento da Educação Básica cuja finalidade é o atendimento, em espaços escolares, de crianças de zero a quatro anos e cinco meses de idade. Atualmente, o documento nacional que orienta essa etapa da Educação Básica é a Base Nacional Comum Curricular (BNCC). Esse documento propõe que a Educação Infantil tenha como eixos estruturantes da aprendizagem as interações e as brincadeiras, a partir dos quais todo o processo de desenvolvimento de comportamentos, habilidades e construção de conhecimentos deve ser pensado, inclusive no âmbito da cognição matemática (Brasil, 2018).

A cognição matemática pode ser entendida como o processo pelo qual adquirimos e integramos conhecimentos específicos, construímos conceitos e desenvolvemos habilidades intelectuais ao mobilizarmos ideias e objetos matemáticos. É na Educação Infantil que iniciamos a construção dos alicerces da cognição matemática que nos servirá de base para aprendizagens mais complexas.

Na BNCC, os objetivos de aprendizagem e desenvolvimento que integram a organização curricular da Educação Infantil estão organizados a partir de cinco campos de experiências a serem desenvolvidos nos três níveis etários que englobam da creche até as crianças pequenas: o eu, o outro e o nós; corpo, gestos e movimentos; traços, sons, cores e formas; escuta, fala, pensamento e imaginação; e, espaços, tempos, quantidades, relações e transformações. Embora em todos os campos de experiências seja possível o desenvolvimento da cognição matemática, é o campo "espaços, tempos, quantidades, relações e transformações" que mais explicitamente propicia a criação e a mobilização de ideias matemáticas entendidas de acordo com D'Ambrosio como sendo

---

2 O texto desta seção foi escrito inicialmente para servir de base à discussão em uma formação continuada de professores da Educação do município de Nhamundá. A formação aconteceu no início de fevereiro de 2023 e se constituiu um espaço propício para reflexões sobre a mobilização de processos cognitivos e as ideias matemáticas que podem ser construídas por meio das brincadeiras, na Educação Infantil.

habilidades de "[...] comparar, classificar, quantificar, medir, explicar, generalizar, inferir e, de algum modo, avaliar" (D'Ambrosio, 2011, p. 22).

Ao pensarmos os objetivos de aprendizagem e desenvolvimento, a partir das interações e das brincadeiras, abrimos possibilidades para a mobilização de diferentes processos que compõem a tríade da aprendizagem humana. Pois, de acordo com Fonseca (2014, p. 238), "a interatividade e a inseparabilidade dinâmica da cognição, da conação e da execução permitem a emergência e a sustentação do processo da aprendizagem humana". Por assim ser, torna-se importante na formação, inicial e continuada, do professor da Educação Básica haver o estudo e discussões sobre como se estrutura a aprendizagem humana. Ou seja, aprender e refletir sobre como o cérebro aprende, para que este profissional possa elaborar suas estratégias de ensino de modo a mobilizar adequadamente os processos cognitivos da aprendizagem, articular e integrar os campos de experiências que não podem ser entendidos e tratados de forma isolada.

5.1 Campos de experiência e cognição matemática: do que estamos a falar?

A BNCC, ao propor os objetivos de aprendizagem e desenvolvimento dentro de campos de experiências, está chamando a atenção para um conjunto de processos, produtos, fenômenos, linguagens e comportamentos inerentes à vivência de todo ser humano dentro de uma sociedade.

É importante destacarmos que tais campos de experiências não se restringem a espaços físicos, concretos, mas a espaços de reflexão, de pensamento, sobre a ação da criança no mundo, o modo como ela se vê, interpreta e estabelece relações reais ou imaginárias entre fatos e fenômenos vivenciados. Trata-se, portanto, de um espaço intelectual, um espaço de cognição.

Ao refletirmos sobre o campo "espaços, tempos, quantidades, relações e transformações", percebemos que se configura como um alicerce a noções basilares indispensáveis à construção de conceitos matemáticos como semelhança, diferença, igualdade, maior, menor. Para tanto, é necessário que a ação pedagógica proporcione às crianças situações a partir das quais elas possam construir experiências matemáticas e não apenas as induzam a memorizações sem significado. Como fazer isso?

A resposta para tal pergunta não é simples, não é fácil e nem há um manual pronto disponível e adequado para todas as realidades. O que há são estudos que mostram a necessidade de a formação do professor integrar a parte teórica com a parte prática, pois não basta a realização das chamadas oficinas pedagógicas sem que sejam tratados os aspectos conceituais do conhecimento que estruturam a cognição matemática e se diferem das meras definições contidas em manuais e livros didáticos. Nessa perspectiva, é necessário conhecermos sobre a mobilização dos processos cognitivos que são acionados em cada ato de ensinar.

Os processos cognitivos, entendidos de acordo com Costa e Ghedin (2022), sejam indispensáveis na captação, organização, compreensão e memorização das informações, não são suficientes ao processo de aprendizagem, pois esta não é apenas uma construção intelectual como indica Fonseca (2014, 2018). De acordo com este autor, a aprendizagem é resultado da interação e da integração de funções cognitivas (intelecto), conativas (emocional) e executivas (organização), que se influenciam mutuamente e necessitam ser exercitadas desde cedo, pois seu desenvolvimento é "[...] uma das chaves do sucesso escolar e do sucesso na vida, quanto mais precocemente for implementado, mais facilidade tende a emergir nas aprendizagens subsequentes" (Fonseca, 2014, p. 241). Assim, a cognição matemática, a aprendizagem matemática, decorre dessa integração dos processos cognitivos com os aspectos emocionais/afetivos e organizacionais que a ação pedagógica consegue mobilizar.

Quando falamos em campos de experiências, estamos implicitamente falando de situações em que seja viável a integração de funções cognitivas, conativas e executivas, de modo a propiciar às crianças situações em que elas vão observar, experimentar, comparar, perceber e refletir; e a partir daí, construir experiências, pois apenas vivenciar não garante a construção da experiência, é necessário refletir, pensar sobre o que se viveu.

Os eixos estruturantes – interação e brincadeiras – configuram situações possíveis para integração das funções que compõem a tríade da aprendizagem humana, em cada campo de experiências, pois requerem a mobilização de processos cognitivos, permitem a criação de relações emocionais/afetivas e exigem que sejam desenvolvidas habilidades e competências para estabelecer objetivos, ordenar e priorizar tarefas, refletir sobre uma ação ou resultado etc.

No campo de experiências "espaços, tempos, quantidades, relações e transformações", são muitas as situações que podem ser criadas para que as crianças construam experiências matemáticas. A organização das filas, a distribuição dos brinquedos, as rodas de contação de histórias, são exemplos de situações que propiciam a mobilização de processos cognitivos como a atenção, a percepção e a memória, indispensáveis à construção de experiências matemáticas. Se escola possuir um pátio, um quintal, ou um espaço com plantas, podemos levar as crianças para observarem as folhas. A observação das folhas está longe de ser uma atividade simples, pois a observação exige a mobilização do processo cognitivo da atenção, que é base para o desenvolvimento da percepção. E, a partir do que se percebe, do sentido dado e do significado atribuído, a criança poderá guardar em sua memória elementos importantes que lhes permitirão o estabelecimento de relações e deduções necessárias à cognição matemática.

Ao observar folhas de cores, tamanhos e texturas diferentes, a criança, de acordo com a mediação do professor, poderá perceber semelhanças e diferenças que lhe servirão de base para a construção de experiências sobre tempo, transformação, quantidade, formas. Nesse processo, a mediação do professor é fundamental para o exercício da reflexão que é o alicerce principal da experiência. Assim, não é recomendado que o professor fique explanando sobre o objeto da observação, mas ele necessita ser hábil na realização de questionamentos. Isto porque são as perguntas que mobilizam o pensamento. É por meio de questionamentos que podemos fazer com que as crianças mobilizem processos cognitivos básicos, consequentemente, desenvolvam processos superiores como a linguagem, a criatividade e o raciocínio.

A estrutura física da escola, os móveis da sala de aula e a própria rotina da Educação Infantil, propiciam o desenvolvimento da cognição matemática no âmbito de todos os campos de experiências propostos pela BNCC. Ademais, possibilitam que, por meio de questionamentos, o professor instigue a mobilização de processos como a atenção, a percepção, a linguagem e a resolução de problemas. Então, compete ao professor elaborar práticas estratégicas, criar as oportunidades e realizar questionamentos que ajudem as crianças a pensarem sobre o que estão fazendo, se organizarem emocional e intelectualmente para estabelecerem relações e deduções que implicam na aprendizagem matemática (Comelli, 2020; Bransford; Brown; Cocking, 2007).

5.2 Para refletirmos

Destacamos nesta seção os campos de experiências a partir dos quais os objetivos de aprendizagem e desenvolvimento, na Educação Infantil, devem planejados e instigamos reflexões sobre as possibilidades de mobilizar processos cognitivos para o desenvolvimento da cognição matemática.

Logicamente, essa temática é muito complexa e não se esgota na leitura de um texto ou na participação de uma única atividade prática. Na realidade, trata-se de uma necessidade de reflexão contínua sobre o fazer pedagógico, Educação Infantil, o que nos leva a relembrar que, nesta etapa da Educação Básica, a prática pedagógica deve ser baseada na brincadeira e promover a interação entre as crianças e entre elas e adultos mais experientes como o(a) professor(a) e todas as pessoas que compõem o ambiente escolar (porteiros, merendeiras, demais professores etc.). A prática pedagógica baseada nas brincadeiras tende a ser mais eficaz que a instrução direta realizada pela exposição oral do professor. E a interação colabora no desenvolvimento, principalmente da linguagem. No entanto, é importante termos clareza que, por trás de toda brincadeira, deve-se ter um objetivo de aprendizagem bem definido e bem planejado de acordo com as possibilidades da brincadeira selecionada.

Também é importante que o(a) professor(a) da Educação Infantil estimule constante e continuamente o pensamento das crianças por meio de questionamentos que podem ser abertos para a toda a turma e/ou direcionados para um aluno específico. De igual modo, é imprescindível que na Educação Infantil a relação entre professores e alunos tenha a afetividade como um alicerce forte e a intencionalidade educativa esteja presente em todas as ações, inclusive na rotina do dia a dia, como na distribuição e uso dos brinquedos, na organização das filas, na hora da chamada, na contação de histórias etc.

O fazer pedagógico na Educação Infantil não é uma tarefa fácil, mas se bem planejada e realizada com fundamentos teóricos adequados, tem potência, particularmente em relação à cognição matemática, para criar uma base propícia à construção conceitual de noções matemáticas indispensáveis ao desenvolvimento da aprendizagem matemática em etapas posteriores da escolarização. Para tanto, não podemos direcionar a ação pedagógica pela perspectiva do certo e do errado, mas pensarmos em atividades abertas que permitam a observação, a percepção de padrões, a criação de representações, o desenvolvimento de reflexões, deduções, que instiguem a argumentação e a comunicação.

Nessa direção, conhecer sobre como nosso cérebro funciona nos ajuda a entendermos que, quanto mais variadas, multidimensionais e abertas, forem nossas estratégias de ensino, maiores as possibilidades de atingirmos um número maior de alunos e despertar neles o gosto pela matemática.

Palavras Finais Para Novas Reflexões

Este livro nasceu de uma inquietação pessoal: conhecer mais sobre as descobertas da Neurociência Cognitiva e suas possíveis implicações à Didática da Matemática no contexto educacional contemporâneo. Para tanto, nos propusemos a realizar uma pesquisa cujo objetivo principal foi estabelecer relações entre os processos cognitivos e os aspectos epistemológico e metodológico da Didática da Matemática, tanto para a elaboração de encaminhamentos pedagógicos para a Educação Básica, quanto para a formação de professores que ensinam matemática.

Ao longo da pesquisa, percebemos certos distanciamentos entre a teoria didática e o modo de ensinar comumente vigente nas aulas de matemática. Dizer que a Didática da Matemática é desconhecida por muito professores que ensinam matemática talvez seja exagero, mas certamente poucas são as reflexões realizadas, no âmbito escolar, sobre seus aspectos epistemológicos e metodológicos, assim como sobre as recentes evidências científicas que explicam como nosso cérebro aprende.

Seria provavelmente impossível realizarmos, na perspectiva da Neurociência Cognitiva, pesquisas sobre o processo de ensino-aprendizagem da matemática no ambiente da sala de aula, o que inclui, entre outros fatores, muitos indivíduos ao mesmo tempo com motivações e comportamentos diferentes, tempo, organização e dinâmica de trabalho diferentes. No entanto, como aprendemos nesse estudo, é possível adquirirmos informações, estudarmos e refletirmos sobre as explicações dadas pela Neurociência Cognitiva, ao modo como nós adquirimos, processamos, armazenamos e evocamos as informações, ou seja, como aprendemos e os fatores que podem influenciar e interferir nesse processo.

Esse estudo nos permitiu a percepção de que não há uma nova Didática da Matemática. Mas, novas informações, novas indicações, evidências capazes de contribuir com as reflexões sobre como realizamos o ensino, levando em consideração fatores antes não considerados porque eram desconhecidos. Isso não significa que, agora, a forma de ensinar, pautada nos destaques da Neurociência, seja a correta e que antes ensinávamos de modo errado. Porém, agora sabemos que aprendemos mais quando aquilo que nos é ensinado faz sentido e conseguimos estabelecer relações com outros conteúdos e com situações da vida implicando na criação de significados.

Há pelo menos quatro décadas ouvimos falar em aprendizagem significativa, o que mudou então? Atualmente, por meio de estudos de neurocientistas temos evidências, inclusive com exames de imagens, as quais comprovam a potencialidade de determinados estímulos para acionar partes específicas do nosso cérebro que, quanto mais estímulos sensoriais houver, mais sinapses ocorrem, implicando no aumento da probabilidade da aprendizagem.

É fácil percebermos como o mercado continua a influenciar no modelo de cidadão esperado pela sociedade, haja visto o leque de relações econômicas que ditam os rumos da vida contemporânea. A tão falada globalização, direta ou indiretamente, influencia a dinâmica das relações escolares, o processo de ensino-aprendizagem, pois a escola está para preparar seus alunos para a vida e para o mercado de trabalho como parte da vida em sociedade.

Independentemente do que espera o mercado de trabalho, é notório que as próprias relações sociais se modificaram. Atualmente, por meio da tecnologia, principalmente da internet, podemos nos relacionar com pessoas de múltiplos lugares, que falam línguas diferentes, com culturas diferentes. Assim, não é admissível um ensino nos moldes daquele do início de Século XX, onde o professor era o único detentor do saber e o aluno ia à escola para ter acesso ao conhecimento. Hoje, com o avanço da tecnologia, o conhecimento, inclusive o matemático, está acessível na palma da mão. O bom aluno de matemática não é mais aquele que sabe toda a tabuada e consegue fazer cálculos rápidos, mas aquele que possui interesse, curiosidade, é colaborativo, criativo, tem iniciativa, entre outras características que não estão vinculadas diretamente à matemática.

Nessa direção, a didática da matemática na sociedade contemporânea carece de se adaptar às necessidades e realidades dos alunos atuais, pois as mudanças tecnológicas e culturais implicam também em mudanças pedagógicas e uma delas, talvez a mais marcante, seja a ênfase na compreensão conceitual em vez da priorização da memorização de técnicas. Assim, uma aula de matemática deve ser dinâmica, interativa e centrada no aluno. Deve enfatizar o desenvolvimento da habilidade para resolver problemas, favorecer a contextualização dos conceitos em situações disciplinares e interdisciplinares do mundo real ou imaginárias, mas que façam sentido para quem está aprendendo.

Não podemos ignorar os *insights* que a Neurociência Cognitiva oferece à educação de modo geral, e particularmente ao ensino de matemática quando esclarece e exemplifica como nosso cérebro aprende, particularmente sobre a aprendizagem matemática. É fundamental que o professor conheça como nosso cérebro processa informações, não que ele deva aplicar os princípios da neurociência diretamente na sua aula, isso provavelmente seria desastroso. Mas, baseando-nos nas descobertas da Neurociência Cognitiva, podemos entender porque obtemos resultados tão diferentes de um aluno para outro, mesmo quando fazemos tudo igual em todas as turmas. Podemos entender a importância da:

- prática e da repetição de um conceito construído, pois a neurociência sugere que é necessária a prática repetida para fortalecer as conexões neurais relacionadas a determinados conceitos matemáticos;

- revisão frequente e da prática ativa na consolidação da aprendizagem matemática;

- variação das estratégias de ensino, pois, quanto mais variadas forem, mais chances teremos de acionar diferentes processos cognitivos, conativos e executivos.

Embora a Neurociência Cognitiva ofereça muitos *insights* à nossa didática, devemos lembrar que é na ação, no nosso modo de agir que o ensino se corporifica. Não podemos esquecer que, na sala de aula, somos e estamos lidando com pessoas, seres humanos inseridos em uma sociedade tecnológica, por vezes caótica, uma sociedade em constante evolução que nos exige autonomia, constante atualização de informações, tudo está acontecendo mais rápido. Por isso, temos que adquirir conhecimentos que nos ajudem a entender e a lidar com nossos alunos para além do reproduzir conteúdos matemáticos.

Se pararmos para analisar certas indicações da Neurociência Cognitiva, em alguma medida, já era conhecida, como é o caso da resolução de problemas e da potencialidade das metodologias ativas, aquelas nas quais o aluno assume protagonismo no seu processo de aprendizagem. Certamente, as diferentes condições físico-pedagógicas das escolas têm papel marcante no processo de ensino, mas nós professores podemos propor e seguir caminhos que viabilizem o desenvolvimento da aprendizagem de nossos alunos. Para tanto, precisamos reconhecer o potencial que a nossa didática tem para estimular os processos cognitivos dos alunos.

Referências

ALMEIDA, M. C.; JUSTINO, E. J. R. **Como o Cérebro Processa a Matemática?** Ensinamentos da Neurociência para uma Pedagogia Renovada. [livro eletrônico]. Curitiba, 2020. ISBN 978-85-924793-4-3.

ANASTASIOU, L. G. C.; ALVES, L. P. Estratégias de ensinagem. *In*: ANASTASIOU, L. G. C.; ALVES, L. P. **Processos de ensinagem na universidade**: pressupostos para as estratégias de trabalho em aula. Joinville: Univille, 2009. p. 67-100.

ARSALIDOU, M; TAYLOR, M. J. Is 2+2=4? Meta-analyses of brain areas needed for numbers and calculations. **Neuroimage**. v. 54, n. 3, p. 2382-2393, 2011. Disponível em: https://pubmed.ncbi.nlm.nih.gov/20946958/. Acesso em: 20 out. 2021.

ASHTON, K. **A história secreta da criatividade**. Rio de janeiro: Sextante, 2016.

BERTHIER, J-L.; BORST, G.; DESNOS, M; GUILLERAY, F. **Les neurosciences cognitives dans la classe**: guide pour expérimenter et adapter ses pratiques pédagogiques. Paris: ESF, 2018.

BOALER, J. **Mentalidades Matemáticas**: estimulando o potencial dos estudantes por meio da matemática criativa, das mensagens inspiradoras e do ensino inovador. Porto Alegre: Penso, 2018.

BRAGA, E. M. Os elementos do processo de ensino-aprendizagem: da sala de aula à educação mediada pelas tecnologias digitais da informação e da comunicação (TDICs). **Revista Vozes dos Vales da UFVJM**: Publicações Acadêmicas – MG, Brasil, nº 02, ano I, 10/2012. Disponível em: http://www.ufvjm.edu.br/vozes. Acesso em: 10 ago. 2022.

BRANSFORD, J. D.; BROWN, A. L.; COCKING, R. R. (org.). **Como as pessoas aprendem**: cérebro, mente, experiência e escola. São Paulo: Editora Senac São Paulo, 2007.

BRASIL. **Base Nacional Comum Curricular**. Ministério da Educação. Brasília: MEC, 2018.

CANDAU, V. M. A didática e a formação de educadores – Da exaltação à negação: a busca da relevância. *In*: CANDAU, V. M. (org.). **A didática em questão**. Petrópolis: Vozes, 2020. p. 13-24.

CARDOSO, S. H. Comunicação entre as células nervosas. **Mente e Cérebro** – Revista Eletrônica de divulgação científica em Neurociência da Universidade Estadual de Campinas. n. 12, s.p. 2000. Disponível em: https://www.cerebromente.org.br/n12/fundamentos/neurotransmissores/neurotransmitters2_p.html. Acesso em: 11 nov. 2022.

CAVALCANTI, L. B. **O uso do material com representações retangulares na construção do conceito de decomposição multiplicativa**. Dissertação (Mestrado em Educação) - Universidade Federal do Pernambuco, Recife, 2007.

CHARLOTT, B. **Educação ou Barbárie?** Uma escolha para a sociedade contemporânea. São Paulo: Cortez, 2020.

CODEA, A. **Neurodidática**: fundamentos e princípios. Wak Editora, 2019.

COMELLI, F. A. M. **Matemática e meta-afeto**: lentes afetivas sobre a relação afeto-cognição na educação matemática. 2020. 380 p. Tese (Doutorado em Educação Matemática) – Pontifícia Universidade Católica de São Paulo. São Paulo, 2020.

COSENZA, R. M.; GUERRA, L. B. **Neurociência e Educação**: como o cérebro aprende. Porto Alegre: Artmed, 2011.

COSTA, L. F. M. **Metodologia do Ensino de Matemática**: fragmentos possíveis. Manaus: BK Editora, 2020.

COSTA, L. F. M. **Vivências autoformativas no ensino de matemática**: um olhar complexo e transdisciplinar. São Paulo: Livraria da Física, 2021.

COSTA, L. F. M.; GHEDIN, E. Importância da consideração dos processos cognitivos na didática da matemática. **Revista de Educação Matemática - REMAT**, v. 19, n. Edição Esp, p. e022046, 12 ago. 2022. DOI: https://doi.org/10.37001/remat25269062v19id674. Disponível em: https://www.revistasbemsp.com.br/index.php/REMat-SP/article/view/674. Acesso em: 9 dez. 2022.

COSTA, L. F. M.; LUCENA, I. C. R. Etnomatemática: cultura e cognição matemática. **Rematec**, ano 13, n. 29, p. 120-134, set./dez. 2018. Disponível em: https://www.rematec.net.br/index.php/rematec/issue/archive. Acesso em: 9 fev. 2023.

DAMÁSIO, A. R. **O erro de Descartes**: emoção, razão e o cérebro humano. São Paulo: Companhia da Letras, 2012.

DAMÁSIO, A. R. **A estranha ordem das coisas**: as origens biológicas dos sentimentos e da cultura. São Paulo: Companhia da Letras, 2018.

DAMÁSIO, A. R. **Sentir e saber**: as origens da consciência. São Paulo: Companhia das Letras, 2022.

DAMÁSIO, A. R.; LEDOUX, J. E. Emoções e Sentimentos. *In*: KANDEL, E. R. *et al*. **Princípios de Neurociências**. [recurso eletrônico]. Porto Alegre: AMGH, 2014. p. 938-951.

D'AMBROSIO, U. **Etnomatemática**: elo entre as tradições e a modernidade. 4. ed. Belo Horizonte: Autêntica Editora, 2011.

DEHAENE, S. **É assim que aprendemos**: porque o cérebro funciona melhor do que qualquer máquina (ainda...). São Paulo: Contexto, 2022.

FERNANDEZ, C. Revisitando a base de conhecimentos e o conhecimento pedagógico do conteúdo (PCK) de professores de ciências. **Revista Ensaio**. Belo Horizonte, v.17, n. 2, p. 500-528, maio-ago, 2015. Disponível em: https://periodicos.ufmg.br/index.php/ensaio/article/view/10103. Acesso em: 5 dez. 2022.

FONSECA, M. G.; GONTIJO, C. H. Pensamento Crítico e Criativo em Matemática: uma Abordagem a partir de Problemas Fechados e Problemas Abertos. **Perspectivas da Educação Matemática** – INMA/UFMS – v. 14, n. 34, ano 2021. Acesso em: 28 out. 2023.

FONSECA, M. G.; GONTIJO, C. H. Pensamento crítico e criativo em Matemática em diretrizes curriculares nacionais. **Ensino em Re-Vista**. Uberlândia/MG, v. 27, p. 956-978, 2020. Disponível em: https://seer.ufu.br/index.php/emrevista. Acesso em: 27 jun. 2023.

FONSECA, V. Papel das funções cognitivas, conativas e executivas na aprendizagem: uma abordagem neuropsicopedagógica. **Revista Psicopedagogia**, v. 31, n. 96, p. 236-253, São Paulo, 2014. Disponível em: http://pepsic.bvsalud.org/scielo.php?script=sci_arttext&pid=S0103-84862014000300002. Acesso em: 13 abr. 2022.

FONSECA, V. **Desenvolvimento cognitivo e processo de ensino-aprendizagem**: abordagem psicopedagógica à luz de Vygotsky. Petrópolis: Vozes, 2018.

FRANCO, M. A. S. Didática e Pedagogia: da teoria de ensino à teoria de formação. *In*: FRANCO, M. A. S.; PIMENTA, S. G. (org.). **Didática**: embates contemporâneos. São Paulo: Loyola, 2014. p. 75-99.

GAZZANIGA, M. S.; IVRY, R. B.; MANGUM, G. R. Breve história da neurociência cognitiva. *In*: GAZZANIGA, M. S.; IVRY, R. B.; MANGUM, G. R. (org.). **Neurociência cognitiva**: a biologia da mente. Porto Alegre: Artmed, 2006.

HENRIQUES, M. C. B. P. **Processos cognitivos associados à criatividade**: Contributos para a adaptação e validação da escala CPAC em Portugal. Dissertação (Mestrado em Psicologia Clínica e da saúde) – Universidade da Beira Interior - Ciências Sociais e Humanas. Covilhã, 2015.

HERCULANO-HOUZEL, S. **Neurociências na Educação**. Belo Horizonte: CEDIC/ATTA, 2010.

HERRMANN, U: Neurodidaktik - gehirngerechtes Lehren und Lernen. **Journal für LehrerInnenbildung**, v. 9, n. 4, p. 8-21, 2009. Disponível em: https://www.fachportal-paedagogik.de/literatur/vollanzeige.html?FId=882030. Acesso em: 4 out. 2022.

HOUSSAYE, J. **Théorie et Pratiques de l'Education Scolaire**: le triangle pédagogique. 3. ed. Editions Peter Lang, 2000.

IZQUIERDO, I. **Memória**. Porto Alegre: Artmed, 2018.

KANDEL, E. R. *et al.* **Princípios de Neurociências**. Porto Alegre: AMGH, 2014.

LENT, R.; BUCHWEITZ, A.; MOTA, M. B. (org.). **Ciência para a educação**: uma ponte entre dois mundos. São Paulo: Atheneu, 2017.

LIBÂNEO, J. C. **Didática**. São Paulo: Cortez, 1994.

LOUZADA, F.; RIBEIRO, S. Sono, memória e sala de aula. *In*: LENT, R.; BUCHWEITZ, A.; MOTA, M. B. (org.). **Ciência para a Educação**: uma ponte entre dois mundos. São Paulo: CPE/Atheneu, 2017. p. 97-117.

MATURANA, H. R.; VARELA, F. J. **A árvore do conhecimento**: as bases biológicas da compreensão humana. São Paulo: Palas Athena, 2010.

MORA, F. **Neuroeducación**: sólo se puede aprender aquello que se ama. Madrid: Alianza Editorial, 2013.

MORAN, J. Metodologias ativas para uma aprendizagem mais profunda. *In*: BACICH, L.; MORAN, J. (org.). **Metodologias ativas para uma educação inovadora**: uma abordagem teórico-prática. Porto Alegre: Penso, 2018.

MÜLLER, C. A contribuição da neurodidática para o aprendizado de uma língua estrangeira. **Signos**, ano 36, n. 1, p. 147-153, 2015. Disponível em: http://www.univates.br. Acesso em: 28 set. 2022.

NEVES-PEREIRA, M. S.; FLEITH, D. S. **Teorias da Criatividade**. Campinas: Alínea, 2020.

PASQUALI, L. **Os processos Cognitivos**. São Paulo: Vetor, 2019.

PEREIRA, E. A. F.; COSTA, L. F. M. Reflexões sobre obstáculos epistemológicos no desenvolvimento da cognição matemática na escola. **REMATEC**, [S. l.], v. 18, n. 43, p. e2023002, 2023. DOI: 10.37084/REMATEC.1980-3141.2023.n43.pe2023002.id458. Disponível em: https://www.rematec.net.br/index.php/rematec/article/view/458. Acesso em: 8 fev. 2023.

RUNCO, A.; ALBERT, R. Creativity research - a historical view. *In*: KAUFMAN, J.; STENBERG, R. (Eds.). **The Cambridge Handbook of Creativity.** New York: Cambridge University Press, 2010. p. 3-19.

SHULMAN, L. S. Those who understand: knowledge growth in teaching. **Educational Researcher**, Thousand Oaks, California, v. 15, n. 4, p. 4-14, 1986. Disponível em: https://www.jstor.org/stable/1175860. Acesso em: 2 dez. 2022.

STERNBERG, R. J. **Psicologia Cognitiva**. Porto Alegre: Artmed, 2008.

STERNBERG, R. J. **Psicologia Cognitiva**. São Paulo: Cengage Learning, 2010.

STERNBERG, R. J. The nature of creativity. **Creativity Research Journal**, v. 18, p. 87-98, 2006. Disponível em: https://www.tandfonline.com/doi/full/10.1207/s15326934crj1801_10. Acesso em: 18 ago. 2020.

STERNBERG, R. J. The assessment of creativity: an investment-based approach. Creativity research journal, v. 24, n. 1, p. 3-12, 2012. Disponível em: https://www.tandfonline.com/doi/abs/10.1080/10400419.2012.652925. Acesso em: 12 out. 2022.

TIEPPO, C. **Uma viagem pelo cérebro**: a via rápida para entender neurociência. São Paulo: Editora Conectomus, 2021.

TOVAR-MOLL, F.; LENT, R. Neuroplasticidade: o cérebro em constante mudança. *In*: LENT, R.; BUCHWEITZ, A.; MOTA, M. B. (org.). **Ciência para a Educação**: uma ponte entre dois mundos. São Paulo: CPE/Atheneu, 2017. p. 55-71.

WEINSTEIN, Y.; SUMERACKI, M.; CAVIGLIOLI, O. **Understanding How We Learn**: A Visual Guide C. London: Routledge, 2018.

ZUGMAN, F. **O Mito da Criatividade:** Desconstruindo Verdades e Mitos. Rio de Janeiro: Elsevier, 2008.